农业职业教育系列用书

农产品质量安全概论

浙江省农业教育培训中心 编

Nong Chan Pin
Zhi Liang An Quan
Gai Lun

介绍安全优质农产品的生产规程、标准化和监管体系；解读农产品质量安全的政策和法规，介绍农产品公共安全品牌，展示农产品质量安全追溯体系

U0306437

中国农业科学技术出版社

图书在版编目（CIP）数据

农产品质量安全概论/浙江省农业教育培训中心
编.— 北京：中国农业科学技术出版社，2014.9（2022.8重印）
（农业职业教育系列用书）
ISBN 978-7-5116-1794-1

Ⅰ.①农…　Ⅱ.①浙…　Ⅲ.①农产品－质量管理
－安全管理　Ⅳ.①F326.5

中国版本图书馆CIP数据核字（2014）第198570号

责任编辑	闫庆健　范　潇
责任校对	贾晓红

出 版 者	中国农业科学技术出版社
	北京市中关村南大街12号　邮编：100081
电　话	（010）82106625（编辑室）　（010）82109704（发行部）
传　真	（010）82106625
网　址	http：//www.CASTP.cn
经 销 者	各地新华书店
印 刷 者	北京建宏印刷有限公司
开　本	787mm×1092mm　1/16
印　张	10.25
字　数	130千字
版　次	2014年9月第1版　　2022年8月第5次印刷
定　价	25.00元

农业职业教育系列用书

《农产品质量安全概论》
编写人员

主　　编　孙中明

副 主 编　朱顺富　吴正阳　胡晓东

编写人员　(按姓氏笔画为序)

朱顺富　孙中明　寿月仙　李　佳

吴正阳　陈丽妮　林　钗　周　翔

胡晓东　封立忠　俞继华

前　言

在我国城乡居民日常膳食结构中，80%是鲜活农产品，即食用农产品，比如蔬菜、水果、畜禽、水产品等。随着人民生活水平日益提高，"舌尖上的安全"越来越引起广大公众的关注，也日益引起生产者的重视。农产品质量安全，不仅关系到公众的身体健康和生活质量，也密切影响现代农业的发展，直接关系到农民的切身利益。浙江省历来十分重视农产品质量安全工作，在生产经营和监督管理方面进行了大量的实践和创新，提高了农产品质量安全水平。

本书围绕农产品质量安全，从田头到餐桌，抓住农产品生产、加工、流通过程中的关键点，介绍安全优质农产品的产生规程和监管体系；解读农产品质量安全的政策和法规，介绍农产品公共安全品牌，展示农产品质量安全追溯体系。

本书力求结合浙江省实际，从生产经营的角度，论述农产品质量安全问题，可作为农业中等职业教育的基础教材，也可作为新型职业农民培训的教材。

本书第一章由寿月仙、胡晓东编写，第二章由陈丽妮编写，第三章、第八章由封立忠编写，第四章由李佳编写，第五章由俞继华编写，第六章由吴正阳编写，第七章由周翔编写，第九章由李佳、林钗编写。全书由孙中明统稿，朱顺富审稿。

由于社会各界高度重视，近年来农产品质量安全工作飞速发展。编者在编写过程中力求反映最新发展成果，但是不妥之处难以避免，希望广大读者给予指正。

编　者
2014年8月

第一章　农产品质量安全概述

农产品质量安全是国家公共安全的重要组成部分。提高农产品质量安全水平是发展现代农业的重要内容，对维护公众健康安全、保障社会和谐稳定、增强我国农业的国际市场竞争力和实现农业可持续发展具有重要意义。"民以食为天，食以安为先"。农产品质量安全已经成为人民群众关注的热点和焦点问题。农产品质量安全关系到每个人的身体健康和生命安全，抓好农产品质量安全监管工作、确保人民群众消费安全是最大的民生。

第一节　农产品质量安全基本知识

一、农产品和优质农产品

《中华人民共和国农产品质量安全法》对农产品进行了定义。农产品是指来源于农业的初级产品，即在农业活动中获得的植物、动物、微生物及其产品。例如，蔬菜、水果、畜禽水产品等都是典型的农产品。

无公害农产品、绿色食品、有机食品和农产品地理标志统称"三品一标"，是政府主导的安全优质农产品公共品牌，是今后农产品生产消费的主导产品。

二、农产品质量安全

通常所说的农产品质量既涉及人体健康、安全的质量要求，也涉及产品的营养成分、口感、色香味等非安全性的一般质量指标。农产品质量安全就是指农产品质量符合保障人体健康和安全的要求。食用的农产品中不应含有可能损害或威胁人体健康的因素。因此食用农产品质量安全不仅仅涉及微生物污染、化学物质残留及物理危害等问题，还包括如营养、食品质量、标签及安全教育等方面，大致包括农药或兽药残留超标、动物疫病、环境因素造成的有毒有害物质超标及人为掺假等几个方面。

对于农产品质量安全，不同时期、不同发展阶段和不同部门都有各自的理解。从发展趋势看，大多是先笼统地抓质量安全，进而突出安全，最后在安全问题基本解决的基础上提高品质，抓好质量。生产出既安全又优质的农产品；既是农业生产的根本目的，也是农产品市场消费的基本要求，更是农产品市场竞争的内涵和载体。

三、农产品质量安全监管体系

为了进一步加强农产品质量安全监管工作，国家对农产品安全监管体制做了重大调整，最大的变化就是改变了过去多部门参与、分段监管的格局，目前，监管部门主要为农业部门和食品药品监督部门。2013年4月《国务院关于地方改革完善食品药品监督管理体制的指导意见》规定，将食品安全办和食品药品监管、工商、质监、卫生等部门的食品安全监管及药品管理职能进行整合，重新组建食品药品监管机构。由此形成了地方各级人民政府对包括农产品在内的食品药品安全负总责，农业部门承担农产品生产、储运环节的质量安全监管责任，加强畜禽屠宰环节、生鲜乳收购环节质量安全和有关农业投入品的监督管理，强化源头治理。做好农产品产地准出管理与批发市场准入管理的衔接，农产品进入批发、零售市场或生产加工企业后，由食品药品监管部门监督管理。

农业部门和食品药品监管部门的职能界定已经明确，可以概括为一前一后，农产品进入批发、零售市场或生产加工企业之前由农业部门负责监管，进入之后由食品药品监管部门负责。对于农业部门来说，新增了收贮运和屠宰环节的监管职责，监管链条更长，任务更重。

2013年12月国务院办公厅发出《关于加强农产品质量安全监管工作的通知》，明确了农业部门的监管任务：

（1）加强对农产品生产经营的服务指导和监督检查，督促生产经营者认真执行安全间隔期（休药期）、生产档案记录等制度。

（2）加强检验检测和行政执法，推动农产品收购、储存、运输企业建立健全农产品进货查验、质量追溯和召回等制度。

（3）加强农业投入品使用指导，统筹推进审批、生产、经营管理，提高准入门槛，畅通经营主渠道。

（4）加强宣传和科普教育，普及农产品质量安全法律法规和科学知识，提高生产经营者和消费者的质量安全意识。

第二节　中国农产品质量安全现状及影响因素

一、农产品质量安全现状

早在 2001 年，国家就启动实施了"无公害食品行动计划"，加强农业投入品、农产品生产、市场准入 3 个环节的管理，推动从田间到市场的全程监管；开展例行监测，推动各地增强质量安全意识，落实管理责任；大力推进标准化，提高农产品质量安全生产和管理水平。经过十几年的发展，农产品质量安全保障体系日益完善，监管能力逐步增强，农业标准化水平显著提高，法律法规不断完善，以确保农产品质量安全为目标的服务、管理、监督、处罚、应急五位一体的工作机制逐步形成。农产品质量安全水平有了很大提高，农产品总体上是安全、放心的。2013 年农业部在全国范围内的例行检测中，蔬菜合格率 96.6％，畜产品合格率 99.7％，水产品合格率 94.4％，水产品产地合格率达到 98％以上，与往年比都有不同程度的提高，呈现出良好的基本态势。

（一）农业标准体系逐渐形成

建立健全农产品质量安全标准体系是做好农产品质量安全工作的前提。早在 1999 年，财政部、农业部就启动实施了"农业行业标准制（修）订财政专项计划"，加快了农产品质量安全标准制（修）订进程。截至 2013 年，已制定发布农业国家标准和行业标准 7 600 多项，农兽药残留限量标准 2 200 多项，地方标准和技术规范 18 000 多项，覆盖了农产品生产全过程。

(二)安全优质品牌农产品快速发展

数据显示,近年来,我国农产品品牌建设发展迅速,2008年我国农产品注册商标总数为60万件,2012年达到了125万件,4年时间翻了一番还多。目前,农业系统已形成"三品一标"协调发展的格局,产品总量已具备一定规模,至2013年年底"三品一标"总数达到10.3万个,认定产地和认证产品分别占耕地面积和食用农产品总量的36%。

(三)监管体系日益完善

我国政府相继制定并颁布了《中华人民共和国农产品质量安全法》《中华人民共和国种子法》《中华人民共和国渔业法》《中华人民共和国动物防疫法》《种畜禽管理条例》《中华人民共和国农药管理条例》《兽药管理条例》《饲料和饲料添加剂管理条例》等一系列法律、法规,加大了对农产品、农业投入品和产地环境的监督、监测力度。

目前,全国所有的省(市、自治区)、60%以上的地市、近一半的区县(市)建立了农产品质量安全监管机构,97%的涉农乡镇(街道)都已挂牌建立农产品质量安全监管站(所)。浙江省已经建立四级(省、市、县、乡镇)农产品质量安全监管体系,实现监管重心下移。在杭州成功推行农产品质量安全追溯管理的基础上,启动了全省农产品质量安全追溯管理。

农产品质检体系建设成效显著,设施条件大为改善,检测能力显著提高。同时,加强认证、科研等体系建设,为农产品质量安全监管工作提供了重要技术支撑。杭州市建立了农产品质量安全检测综合体系,实现检测关口前移,形成市级监督抽检为辅助、县级例行检测为骨干、乡镇快速定性动态检测为基础的农产品质量安全检测综合体系。

二、中国农产品质量安全影响因素

保障农产品质量安全是我国农业现代化进程中的伟大历史使命。随着人民生活水平逐步提高，人们对自身健康及食品安全问题也越来越关注。我国是一个农业大国，同时地少人多，特别是近年来耕地面积急剧减少，为了弥补土地资源的不足，提高经济效益，我国的农药、化肥使用量已经远远超出了合理范围，导致地力下降，引起水体污染、耕地污染以及持久性有机污染，农产品品质下降以及通过食物链给人畜带来危害。因食用有毒有害物质超标的农产品引发的人畜中毒事件，以及出口农产品及加工品因农（兽）药残留超标被拒收、扣留、退货、索赔等现象时有发生。影响农产品质量安全的因素如下。

（一）产地污染

工业"三废"和城市生活垃圾不合理地排入江、河、湖、海，污染了农田、水源和大气。由于农产品产地环境污染，致使农业生态环境恶化，重金属及有害物质在水、土、气中超标，进而在食物中残留、聚积，影响农产品质量，最终影响人体健康。农药、化肥等残留污染问题越来越严重，一些高毒高残留农药的使用使其中部分飘移、流失进入土壤和水系中，以致水、土、气等农业环境和食物链遭受污染；氮肥的大量施用使土壤及地下水中硝酸盐和亚硝酸盐含量增加；磷肥的大量使用使水体富营养化，直接影响水质的提高，同时使土壤中的铅、锌、镉等重金属含量超标，污染土壤。

（二）物理性污染

物理性污染是指由物理性因素对农产品质量安全产生的危害。形成的主要原因是在农产品收获或加工过程中操作不规范，不慎在农产品中混入有害物质，导致农产品污染。

（三）生物性污染

生物性污染是指自然界中各类生物因子对农产品质量安全产生的危害，如致病性细菌、病毒、毒素污染以及收获、屠宰、捕捞后的加工、贮藏、销售过程中的病原生物污染。

（四）化学性污染

化学性污染是指生产、加工过程中农业投入品使用不合理，对农产品质量安全产生的危害。食品加工中滥加化学添加剂。有的农民为争取果菜早上市大量使用催生剂和激素，滥施化学剂造成水果、蔬菜和肉类安全性较差，还可能含有对人体有害的成分。某些不法分子为追求自身利益，全然不顾人民的生命安全，在加工、销售过程中添加有毒物质、使用非食用化学物质、滥用非食用化学防腐剂、滥用色素、过量使用食品添加剂等。

第三节　农产品质量安全工作的主要任务和措施

一、生产经营环节

影响农产品质量安全的因素复杂多样，农产品的生产、加工、流通、消费等各个环节都会对农产品质量安全造成危害。

第一，农产品生产经营主体要重视质量安全，生产出安全优质的农产品，提供给消费者。要转变农业发展方式，培育新型农业经营主体，加大对家庭农场、农业龙头企业、农民专业合作社的扶持力度，引导他们科学施肥、合理用药，将安全控制措施转化为广大农民的自觉行动，从源头上保障农产品质量安全。

第二，推行农业标准化，使生产有标准可依。生产经营主体要按照标准搞好生产基地建设，按规范组织农产品生产，健全生产流程的质量控制，自觉实行休药期、生产档案记录等制度。浙江省农业厅于2013年7月发布了主导产业全程标准化生产技术模式图，对粮食、油菜、茶叶、水果、蔬菜、生猪、禽类等分别发行标准化生产模式图，使种养过程的技术要点、操作规范，主要病虫（疫病）综合防控原则及具体措施，产品质量安全关键控制点及要求，肥（饲）料、农（兽）药的安全使用，主要质量项目和指标，禁止使用的农（兽）药、添加剂等内容一目了然，生产者只要按图标准化作业，农产品质量安全就有了可靠的基础。

第三，加强"三品一标"的建设。通过"三品一标"农产品认证，使农产品生产经营主体在生产过程中严格按规范控制，严格控肥、控药、控添加剂。

第四，完善质量追溯制度。农产品生产主体要实施内部质量追溯管理，对包装销售的农产品进行明确标注，使用先进标识技术，使消费者一看到标识即可了解生产环境、生产过程以及肥、药、添加剂的使用情况，提高消费者对产品安全的信任程度。同时，农产品收购、储存、运输主体要建立健全进货查验、质量追溯和召回等制度。

二、监督管理环节

第一，落实农产品质量安全责任制度。按照"地方政府负总责、监管部门各负其责、生产经营者负第一责任"的要求。一是强调属地责任，地方政府把农产品质量安全监管纳入重要议事日程，加强组织领导和工作协调，细化职责分工，强化考核评价，提供条件保障。实行社会共治，把人民群众满意度作为考核的重要内容和活动的主要目标，统筹利用社会各方力量，积极引导公众参与，共同监督农产品质量安全。二是突出全程监管，按照农产品生产经营链条，从产地环境管理、农业投入品监管、生产过程管控、包装标识、质量追溯、准入准出等方面作出规定、提出制度机制。三是追究生产经营者责任，建立生产经营企业主体备案和"黑名单"制度，对不法生产经营者，依法公开其违法信息，使其一处失信、寸步难行、一次违法、倾家荡产。

第二，全面推动质量追溯体系建设。农产品质量追溯是一种有效的监管模式，它能及时发现问题、查明责任，防止不合格产品混入市场。浙江省建立了农产品质量安全监管及可追溯体系，实现了网上作业。杭州市已经建立了主要农产品质量安全追溯体系，取得了良好的效果，目前还在不断丰富追溯内容，提高覆盖面。

第三，切实加强"三品一标"的建设和管理。"三品一标"农产品具有带标上市、过程可控、质量可溯的功能，是实现农产品质量安全的重要抓手。严格"三品一标"认证标准，提高准入门槛，规范审查评审，切实做到"稍有不合、坚决不批"，杜绝在认证审批环节上出现任何瑕疵。强化证后监管，加大抽检力度，严厉查处不合格产品、不规范用标产品以及假冒产品，做到发现问题、坚决出局，切实维护好品牌的公信力。

第四，健全农产品质量安全监测制度。针对农产品质量安全的突出问题，强化监督抽查，并及时依法查处。

第五，强化培训和宣传。要强化农产品质量安全的教育和宣传，普及质量安全知识，营造良好社会氛围。广泛宣传"三品一标"农产品，让广大消费者明确含义，树立优质优价意识，积极支持安全优质农产品，促进优质农产品更加畅销，使其占据更大的市场份额。鼓励社会各方面参与维护农产品质量安全，扩大社会监督。

思考题

1.农产品的定义。

2.农产品质量安全的概念。

3.影响农产品质量安全的因素。

4.我国农产品质量安全监管体系。

第二章　农产品质量安全标准化体系建设

农产品质量安全标准化体系是指将与保障食用农产品质量安全相关的各个环节的标准，按其内在联系形成科学的有机整体，并对该有机整体加以推广实施，以及对整个过程的效果加以监督和检验的全套运作体系。农产品质量安全标准化体系建设的主要内容包括农产品质量安全标准体系、农产品质量安全检测体系和农产品质量安全认证体系在内的三大体系。

第一节　农产品质量安全标准体系

一、农产品质量安全标准体系概论

标准是商品进入市场的钥匙，是质量的表达形式。农产品没有标准就没有质量，质量的核心是安全卫生方面的要求是否符合国家有关法规、标准的规定，以及是否与国际标准水平相当。农产品生产经营体系极其庞大，农产品种类繁多、数量巨大、流向复杂，生产经营主体众多、参差不齐、环节众多。因此，涉及农产品质量安全的标准也数量巨大。标准体系是一定范围内的标准按其内在联系形成的科学的有机整体。编制农产品质量安全标准体系，必须符合国家标准GB/T 13016—1991《标准体系表编制原则和要求》。

农产品质量安全标准包括两大方面，一是农产品质量和卫生方面的限量要求；二是保障人的健康、安全的生产技术规范和检验检测方法。

"十二五"期间，农业部继续加大农产品质量安全标准制（修）订的力度，规划新制定农兽药残留限量国家标准7 000个，建立并健全以农兽药残留限量标准为重点、品质规格标准相配套、生产规范规程为基础的农产品质量安全标准体系。重点强化省级农业行政主管部门，加快跟进配套制定保障农产品质量安全的生产技术规范和操作规程，大力支持和鼓励市县两级农业部门制定符合当地农业生产实际的操作手册和明白卡（明白纸）。力争构建一套既符合我国国情和农业产业实际又与国际接轨的标准体系，使生产有标可依、产品有标可检、执法有标可判。2013年农业部新发布农业标准327项，制定农药最大残留限量标准1 357个。目前，农兽药残留标准已达到4 201个，基本涵盖我国主要农产品。

二、农产品质量标准的分类

我国农产品质量安全标准可分为以下4类。

（1）按领域可分为种植业、畜牧业、渔业。

（2）按层次可以分为国家标准、行业标准、地方标准和企业标准。

（3）按严格程度可以分为强制性标准和推荐性标准。凡是国家法律、法规、规章规定应当强制执行的，或者涉及保护人类健康或安全、保护动植物的生命或健康、保护农业生态环境、防止欺诈行为的标准为强制性标准，其他标准为推荐性标准。农产品质量安全标准是强制性标准。

（4）按内容可分为安全类标准和质量类标准。安全标准主要是影响农产品安全的物理性、化学性和生物性危害要素方面的标准。质量标准主要是农产品质量标准以及与农产品质量有关的标准。

三、农产品质量标准的制定

国家标准在国家质量监督检验检疫总局管理下，由国家标准化管理委员会履行行政管理职能。但是，根据《兽药管理条例》和《农业转基因生物安全管理条例》的规定，兽药产品质量、兽药残留及检测方法，农业转基因检测技术规范等国家标准的制定是由农业部负责的。根据《中华人民共和国农产品质量安全法》规定，国家和省级农业行政主管部门应当制定保障农产品质量安全的生产技术要求和操作规程，这就意味着农产品生产技术要求和操作规程，不论是国家标准还是部门标准，都由农业部门负责制定。

行业标准由农业部统一管理。

地方标准由省级标准化行政主管部门管理，涉及农产品生产技术要求和操作规程的标准，由省级农业行政主管部门负责。

企业标准由企业自行组织制定，并按规定备案。

四、农产品质量标准的特点

（一）农产品质量标准覆盖面宽、数量大

农产品质量标准几乎覆盖了从农业生产环境、农用生产资料到农

产品生产、加工、流通和贸易的各个环节，从而为消费者获得合乎标准的农产品提供了切实保障。目前，我国在农、林、牧、渔和农产品加工、营销各环节都制定了大量的产品和服务标准。

(二)农产品质量标准制定的参与程度高

国家农产品质量标准的制定不仅有政府部门、相关企业参与，一些国家还有专门的标准化方面的主管机构参与，而且草拟的质量标准要经过反复的讨论、修改、论证，因此，制定出来的农产品质量标准具有很强的科学性和可操作性。

(三)农产品质量标准不断被修订

随着新的农产品质量安全事件的出现和科技水平的提高，人们对有关问题的认识的深化以及消费者权益保护意识的增强，农产品质量标准也不断地被修订。我国农产品质量标准也参考国际标准在不断修订和完善当中，国家正不断增加标准覆盖面，让更多的农产品质量安全有标准可依，使一些出口农产品不会因为低于国际标准或某些国家的标准而受到贸易冲击。

(四)农产品质量标准国际化

随着农产品国际贸易的发展，一些国家的农产品质量标准被其他国家认可，有的国家如，美国甚至要求其他国家出口到本国的农产品必须达到其农产品质量标准。但更多的情况是，不同的国家认同统一的农产品质量标准，在经济一体化程度较高的地区，这种趋势尤为明显。

第二节　农产品质量安全检测体系

农产品质量安全检测体系由农业系统内管理部门、科研和教学质检机构组成，其他相关系统的质检机构作为补充，建设部、省、市、县四级质检机构，建设乡级监管机构。各级农产品质量安全检验检测机构均为技术性、事业性、公益性和非营利性机构，经费全部列入国家预算。

目前，部级质检机构均通过授权认可和国家计量认证，出具的检验数据可作为法定仲裁依据。省级及省级以下设置的质检机构，也均须通过授权认可和省级计量认证后，方具向社会出具检验数据的资格。

我国农产品质量安全监测体系从无到有，为农产品质量安全水平的稳步提升作出了积极的贡献，短短几年时间，已使我国的农产品质量安全状况达到世界中上水平。

一、国家级检测体系

农业部农产品质量安全检测体系由部级农产品质量标准与检测技术研究中心、部级专业性农产品质量安全监督检验中心、部级优势农产品区域性质量安全监督检验中心等机构组成。

（一）部级研究中心

部级研究中心主要进行农产品质量安全与标准的政策、法律法规、发展战略和规划等研究；农产品质量安全风险分析理论和关键技术研究；农产品质量安全检测及评价技术与设备的研发；农产品贸易技术壁垒预警体系建设和快速反应机制研究；农产品质量安全和管理的综合性和基础性标准的制（修）订，以及相关专业性标准制（修）订工作的组织协调和技术支持；全国农产品质量安全例行监控、普查等工作的组织协调和技术支持；开展农产品质量标准和检测技术的国际合作与交流；参与农业国际标准化组织的活动，参加和承担有关农产品国际标准的制（修）订工作；组织和协调全国农产品质量安全与标准研究专家队伍，开展有关农产品质量安全和农业标准化方面的国内外学术交流。

（二）部级专业性质检中心

部级专业性质检中心立足本专业，突出和发挥专业优势，在相应领域内重点开展以下工作：全国农产品质量安全普查、例行监测等任务；开展国内外农产品质量安全风险分析与评估工作；专业性农产品检验检测技术的研发和标准的制（修）订；国内外农产品质量安全对比分析研究和国内外合作与交流；质量安全重大事故、纠纷的调查、鉴定和评价；质量安全认证检验、仲裁检验和其他委托检验任务；负责有关专业农产品质量安全方面的技术咨询和技术服务，为区域性质检中心、省级综合性质检中心等提供专业技术服务和人才培训。

（三）部级区域性质检中心

部级区域性质检中心立足本区域，突出对优势农产品从生产基地、投入品到农产品生产全过程的质量安全检验检测和指导服务，承担相应区域范围内优势农产品市场准入、委托检验和仲裁检验等检验检测工作，负责对区域内优势农产品产地环境进行例行监测、现状评价与污染预警工作，实现就近取材、随时检测、同类型优势农产品大批量检测和特有质量安全参数的深度检测。

二、地方各级检测体系

（一）省级综合质检中心

省级综合质检中心突出省域内职责，主要承担省域内主要农产品质量安全监督抽查检验、市场准入性检验检测、产地认定检验和评价鉴定检验，负责对县级检测站进行技术指导和技术培训，接受其他委托检验和负责省域内农产品质量安全方面的技术咨询、技术服务等工作。

（二）市、县级质检站

在浙江省，省、市、县、乡镇四级检测体系已经基本形成。浙江省明确提出，农产品检测机构的主要任务就是为农业生产服务、为农产品质量安全监管服务。市、县两级要按照综合建站的要求，整合农产品、农业投入品、农产品产地环境等检测资源，加强检测机构建设。省级检测机构以风险监测为主，市、县两级检测机构以监督抽查为主，乡镇以速测筛查为主。

第三节　农产品质量安全认证体系

有个农民，把自己种的优质稻谷拿到市场上去卖，却没有人肯出高价。他说："这是优质稻，怎么能和普通稻一个价呢？"有人说："你的稻又没贴标签，谁知道是不是优质稻？"

什么是优质农产品，仅凭肉眼难以判断。农产品优劣难辨，就会造成农产品市场上鱼龙混杂，容易产生恶性竞争，农业名牌很难树立起来。同时在流通过程中，也很难落实优质优价的政策。在国际上，已有被广为接受的农产品认证体系，而在我国，也有了统一的农产品质量衡量标准——"三品一标"。

一、国际农产品认证体系

近年来，国际上对农产品质量安全要求从最终产品合格转向种植、养殖环节规范、安全、可靠，积极推崇和推行农产品质量安全从"农场到餐桌"全过程控制，随之产生了生产管理和控制体系及相应的体系认证。以下是五大农产品认证体系。

（一）HACCP 体系认证

HACCP是危害分析的临界控制点（Hazard Analysis Critical Control Point）的简称，是国际上共同认可和接受的食品安全保证体系，主要是对食品中微生物、化学和物理危害进行安全控制。联合国粮农组织和世界卫生组织 20 世纪 80 年代后期开始大力推荐这一食品安全管理体系。我国食品和水产界较早引进 HACCP体系。2002 年我国正式启动对 HACCP体系认证机构的认可试点工作。目前，在 HACCP 体系推广应用较好的国家，大部分是强制性推行采用 HACCP体系。1997 年新版《HACCP体系及其应用准则》被许多成员国所接受和采纳。

（二）GAP 体系认证

GAP是良好农业规范（Good Agricultural Practices）的简称，是主要针对初级农产品生产的种植业和养殖业的一种操作规范，关注动物福利、环境保护、工人的健康、安全和福利，保证初级农产品生产者生产出安全健康的产品。它是以危害分析与关键控制点（HACCP）、良好卫生规范、可持续发展农业和持续改良农场体系为基础，避免在农产品生产过程中受到外来物质的严重污染和农事过程不当操作带来的产品危害。China GAP意为中国良好农业操作规范，该规范是国家认监委参照国际上较有影响力的良好农业规范标准结合中国农业国情而起草的中国农产品种养殖规范。

（三）GMP 体系认证

GMP是优良制造标准（Good Manufacturing Practice）的简称，是一套适用于制药、食品等行业的强制性标准。它要求企业从原料、人员、设施设备、生产过程、包装运输、质量控制等方面按国家有关法规达到卫生质量要求，形成一套可操作的作业规范帮助企业改善企业卫生环境，及时发现生产过程中存在的问题，加以改善。简要的说，GMP要求制药、食品等生产企业应具备良好的生产设备，合理的生产过程，完善的质量管理和严格的检测系统，确保最终产品质量（包括食品安全卫生）符合法规要求。食品GMP详细规定了食品加工、贮藏、流通等各个工序中所要求的操作和管理以及控制规范，对人员卫生健康、建筑设施、加工工艺等软硬件都作出了详细的要求和规定。

（四）On-Farm 体系

On-Farm体系是田间食品安全体系（On-Farm Food Safety System）的简称，该体系是为减少农产食品生产和加工过程中不安全因子产生的风险，确保农产食品加工和消费都能获得高质量的产品而采取的安全管理措施。该体系源于加拿大，目前，已受到广大农产品生产者和消费者的关注与推崇。

（五）SQF 体系

SQF体系是食品质量安全体系（Safety Quality Food）的简称，它是全球食品行业，安全与质量体系的最高标准。该体系1995年源自于澳大利亚农业委员会为食品链相关企业制定的食品安全与质量保证体系标准，2003年该体系监管权移交给位于美国华盛顿的美国食品营销组织（FMI）。SQF2000是目前世界上将HACCP和ISO9000这两套体系完全融合的标准，同时也最大程度地减少了企业在质量安全体系上的双重认证成本。目前，SQF体系已被有关方面推荐为最符合从"农田到餐桌"全过程监控的体系之一。

国际上使用较多、认可度较高的是HACCP体系认证、GAP体系认证和GMP体系认证，On-Farm体系和SQF体系主要在北美国家被广泛认可和使用。

二、中国农产品认证体系建设

"三品一标"体系。无公害农产品、绿色食品、有机食品和农产品地理标志统称"三品一标"。"三品一标"是政府主导的安全优质农产品公共品牌，是当前和今后一个时期农产品生产消费的主导产品。纵观"三品一标"发展历程，虽有其各自产生的背景和发展基础，但都是农业发展进入新阶段的战略选择，是传统农业向现代农业转变的重要标志。

农产品认证技术支持体系已形成。我国基本建立了"从农田到餐桌"全过程的农产品认证认可体系，管理统一，运作规范。

农产品认证工作全面铺开。我国的农产品认证企业和认证证书数量已居世界第一位。通过认证在农业生产过程控制、减量化生产和生态环境保护方面促进生产经营者规范生产，严格控肥、控药、控添加剂，带动标准化生产，保障农产品安全。

农产品认证追溯管理模式正在形成中。我国正努力建立农产品产地合格证明制度，大力推进农产品产地准出和市场准入管理。与此同时，搭建全国统一的追溯信息平台，制定配套的管理规范，推进地区追溯信息平台与国家级平台的衔接。积极推动龙头企业、农民专业合作社实施追溯管理，加强农产品包装管理，督促农产品生产经营者对包装销售的产品进行明确标注。推广先进标识技术，提高产品标识率，率先将生猪和"三品一标"农产品纳入追溯范围，逐步实现全国规模以上农业生产主体农产品质量可追溯管理。

第四节 农产品质量安全标准化体系建设的作用

解决农产品质量安全问题，不仅要发挥市场在资源配置中的基础作用，更要充分发挥政府的职能作用。一方面要利用市场机制，形成一种倒逼机制，不断转变农业发展方式，特别是要结合深化农村改革，抓住培育新型农业经营主体与构建新型农业经营体系的机遇，推动落实生产经营主体责任，从源头上保障好质量安全，解决好"产出来"的问题；另一方面要适应强化事中、事后监管的新要求，把该由政府管的事切实管住、管好，减少和改进审批，完善工作机制，打通监管链条，确保环环有监管，全程无漏洞，解决好"管出来"的问题。

国家正在着力构建和完善农产品质量安全标准、检测、认证、风险应急和执法监管五大体系，全面提升执法监督、风险预警、监测评估、应急处置和服务指导五大能力，坚持走中国特色农业现代化道路，把加快转变农业发展方式作为主线，把农产品质量安全作为现代农业建设的关键环节，坚持"源头入手，标本兼治"，推动农产品质量安全监管工作取得新进展。农产品质量安全标准化体系建设从根本来说是为提升农产品质量安全水平服务的，概括来说有以下积极作用：

一、为生产安全优质农产品和执法监管提供标准和依据

农产品质量安全标准体系提供了主要农产品的质量标准，对农产品产地环境、农业投入品、生产规范、产品质量、安全限量、检测方

法、包装标识、储存运输等方面均作了标准和规定，还提供了相应的检测标准。省级农业部门根据国家标准，推出了主要农产品的生产技术规范和操作规程，县级农业部门推出了供农业生产主体使用的操作手册和"明白卡"。这些农产品质量标准为生产者提供了必须遵守的操作依据，为农产品质量安全奠定了可靠的基础。浙江省农业厅于2013年7月推出了主导产业全程标准化生产技术模式图，将产地环境、投入品、生产规范、产品质量等方面的枯燥数据一一标注在模式图中，为生产主体标准化生产提供了宜学、宜懂、宜用的条件，深受农民的欢迎。如图2-1、图2-2。

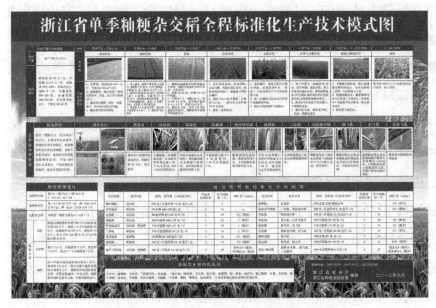

图2-1　杂交水稻全程标准化生产技术模式图

图2-2　生猪全程标准化养殖技术模式图

同时，农产品质量安全标准体系也为农产品监管体系提供了法律依据。各级监管机构对农产品生产经营各个环节，尤其是"认定认证"和"检验检测"环节，建立起一整套有法可依、有法必依、执法必严、公平公正、统一规范的农产品质量安全监管办法和评判标准，为农产品质量安全提供了坚实的保证。

二、为提升农产品国际竞争力和信任度提供良好条件

我国作为农产品生产和消费大国，正在建立适应国家经济发展、与国际标准接轨的农产品质量安全标准化体系。国家鼓励有实力的农业生产经营主体按标准生产，积极参与国际市场的竞争。我国农产品质量安全标准体系的实施，有利于农业的转型升级，提升农产品质量

与品质，逐步适应国际市场的要求，不断满足农产品出口贸易发展的需要。同时有利于破除农产品国际贸易壁垒，积极发挥农业主管部门在农业产业化管理中的"专业"优势，为提升农产品国际竞争力和信任度提供良好条件，促进农业增效和农民增收。

三、为农产品质量安全风险应急提供可靠标准

我国正在建设加强农产品质量安全风险应急机制和例行监测制度。农产品监管机构要充分发挥职能，全面了解和掌握农产品质量安全动态，以覆盖全面、可行性强的农产品质量安全标准体系为度量，进行农产品质量安全评价和风险评估，建立起风险评估及预警体系，做好风险管理和执法监管工作。

近几年，我国农产品质量安全应急工作取得了一定成效，制定了预案，建立了专家组，开展了舆情监测、风险排查等工作。依据农产品质量安全标准向广大人民群众宣传、解释突发事件，能够很大程度上缓解群众的焦虑情绪，有助于相关部门有序、合理解决问题，将负面影响降到最低程度。

思考题

1. 农产品质量安全体系建设的作用。

2. 我国农产品质量安全监测体系有哪几级质检机构，其职责是什么？

3. 简述 HACCP 体系的 7 个基本要素。

第三章　农产品生产过程的质量安全控制

全国各地对农产品质量安全管理十分重视，浙江省政府及其食安办、农业厅、海洋与渔业局等对农产品生产过程的质量安全管理制定了一系列的政策和措施，每年出重拳在各个节日及特定季节进行"百日行动""强网清源"等专项整治行动，取得成效。然而，要彻底排除隐患，确保农产品生产过程中的质量安全，任重而道远。下面就种植业、畜牧业、水产业3个方面进行阐述。

第一节　种植业生产过程中农产品质量控制

种植业是指在耕地上种植农作物等生产活动的产业，其产品有粮、油、菜、茶、果、药等，所产的产品数量和质量由自然条件和人为因素决定。由于种类繁多，各具特色，在这里主要分析人为因素对主要产品质量的影响。

一、引起质量不安全的因素

影响农产品质量安全的因素有：

（1）农药使用，残留超标；

（2）化肥使用，掺杂或残留超标；

（3）重金属超标；

（4）致病微生物侵染；

（5）添加剂违规使用；

（6）激素滥用。

引起质量不安全的重点是蔬菜、水果、茶叶农药残留超标。

涉及环节众多，有农资经销商、供货商、生产厂家，有农户、合作社、基地，还有各级监管部门，任何一个环节的工作出现疏漏，都会对农产品质量造成不安全。长期以来监管者采取一轮又一轮的专项整治行动，想以此达到解决问题的目标。而有的经营者特别是"农资经营游击队"总是寻找应对办法，逃避处罚。常常出现农产品特别是蔬菜、水果、茶叶农药残留超标，其原因为农药质量不合格、农药使用浓度过高、天气不当、没有符合安全间隔期等，有的甚至使用高毒高残留农药。

二、生产过程的质量控制

从以下几个方面进行：一是贯彻落实《农产品质量安全法》等法律法规，严厉打击违法行为；二是教育广大群众，让农民朋友"诚信生产"，认识到农产品质量安全的重要性及农产品质量不安全要承担的法律责任；三是健全监管长效机制，从农产品生产的各个环节进行严格把关；四是实行农业标准化生产。总的来说，要确保农产品质量安全，最重要的是民众的自觉性和政府的执法性相结合。

（一）基地建设

选择适宜耕地分别建立一、二、三线基地，要求交通方便，地块平坦，排灌方便，土质肥沃，富含有机质，整体条件良好。建设成沟渠路配套，快速检测设备齐全。要求周围无环境污染，包括防止大气、水质、土壤污染，尤其要防止工业"三废"（废水、废气和固体废弃物）的污染，防止城市生活污水、废弃物、污泥垃圾、粉尘和农药、化肥生产企业等方面对耕地的污染。

（二）农资管理

一是要到正规商店购买农药、化肥等农资，坚决不购买"游击队"的农资；二是要索取购买凭证，以便事后追溯；三是要核对所购农资商品的标识和说明书；四是使用后药瓶或包装袋要保存一段时间，以便事后取证；五是按说明书正确使用。

（三）关键措施

在生产过程中，实行"预防为主，综合防治"的方针，遵循以下 10 项措施。

（1）严禁施用高毒高残留农药，如甲胺磷、甲拌磷、呋喃丹、氧化乐果、甲基 1605 等。选用高效低毒低残留农药，提倡使用生物农药，如 Bt、阿维菌素等。

（2）选用抗病抗虫、优质高产的良种，使用健康种子，培育壮苗。

（3）深耕、轮作换茬，调整好温、湿度，培育良好的生态环境。

（4）搞好病虫害预测预报，早防早治，对症适时适量用药。

（5）推广物理防治方法，如防虫网保护、杀虫灯诱杀、黄板粘虫，以及温汤浸种、高温闷棚、低温冻土、植物嫁接等。

（6）推广生物防治方法，如性诱剂等，以减少化学农药的污染和残毒。

（7）搞好配方施肥，控制氮肥用量，推广施用酵素菌、K100活性菌有机肥等。

（8）科学使用农药，一是根据防治病虫害种类，选用合适的农药类型或剂型和合适的浓度，不要人为地加大使用浓度。二是对病害要在发病初期进行防治，对虫害则要求做到"治早、治小、治了"。三是交替轮换使用不同作用机制的农药，防止病原菌或害虫产生抗药性。蔬菜生长前期适量施用高效低毒的化学农药和生物农药，交替使用，生长后期以生物农药为主。四是选择正确喷药点或部位，均匀喷施。

（9）严格执行农药安全间隔，如菊酯类农药的安全间隔期5~7天，有机磷农药7~14天，杀菌剂中百菌清、代森锌、多菌灵14天以上。

（10）产品出场前进行快速农药残留检测，合格的"准出"，不合格的坚决不"准出"。

（四）几种农药的替代

生产过程中禁止使用的农药品种及替代农药品种有以下几种。

禁止使用甲胺磷，替代农药：阿维菌素、Bt、氟虫腈、杀虫胺、灭蝇胺、喹硫磷、虫酰肼（米满）等。

禁止使用呋喃丹（克百威），替代农药：辛硫磷、米乐尔、农地乐等。

禁止使用久效磷，替代农药：辛硫磷、Bt、百树菊酯、三氟氯氰菊酯、氟虫腈等。

禁止使用甲基对硫磷（甲基 1605），替代农药：阿维菌素、Bt、百树菊酯、三氟氯氰菊酯、氟虫腈等。

禁止使用对硫磷（1605 乙基对硫磷），替代农药：阿维菌素、Bt、百树菊酯、三氟氯氰菊酯、水胺硫磷、氟虫腈等。

禁止使用甲拌磷（3911），替代农药：辛硫磷、米乐尔、农地乐等。

禁止使用甲基异柳磷，推荐替代农药：辛硫磷。

禁止使用氧化乐果，推荐替代农药：吡虫啉。

第二节　畜牧业生产过程中农产品质量控制

畜牧业是利用畜禽等已经被人类驯化的动物或鹿貂等野生动物，通过人工饲养以取得畜产品的生产。浙江省畜牧业主要包括猪、牛、羊、鸡、鸭、鹅、兔、蜂等家畜家禽饲养业。

一、引起质量不安全的因素

引起质量不安全的因素有以下几种。

（1）饲料生产经营、活畜养殖、收购贩运和屠宰等环节不规范，饲料中添加促生长剂"瘦肉精"（化学名为盐酸克伦特罗），肉、蛋、奶污染二噁英，动物骨、血粉用于饲料添加剂发生疯牛病等。

（2）生鲜乳收购、运输、监测等环节不规范；掺入三聚氰胺等。

（3）兽用抗菌药生产、经营和使用等环节不规范；饲料生产、活畜养殖过程超剂量、超范围使用兽用抗菌药等。

（4）未执行休药期制度，使用抗生素和磺胺类药物防治畜禽疾病，造成畜禽产品（包括肉、蛋、奶）药物残留超标。

（5）生物污染。饲料的生物污染指微生物及其代谢产物的污染。病原生物污染饲料随后再污染畜产品传播疾病。沙门氏菌、大肠杆菌、葡萄球菌、肉毒梭菌等按规定在饲料中是不得检出的，但目前仍然有部分病原菌偶有检出。霉菌污染并超过安全标准是最突出的微生物污染，所产生的霉菌毒素不但危害畜禽健康，还通过残留影响畜产品的食用安全。

（6）畜牧业生产过程中其他一些问题造成对人的危害：

一是畜禽排泄、废弃物污染。排泄物中的含氮化合物、钙、磷、可溶无氮物、某些药物，随粪便排出后对空气、水源、土壤等产生污染。废弃物包括蛋壳、内脏、毛发、血液和下脚料，随便丢弃，成为污染物。

二是传播人畜共患病。人畜共患传染病主要载体是粪便及排泄物。在猪方面，传给人的有寄生虫病。在禽方面，有"禽流感"。在牛方面，有口蹄疫病（猪也有），还有炭疽病、布鲁氏病、结核病感染。

三是对水体富营养化的污染。家畜粪尿随意排入自然水体，导致水生生物大量繁殖，水中的有机物在水底层厌氧分解，产生硫醇等恶臭物质，使水体变黑、变臭。

预防质量不安全的重点是：生猪"瘦肉精"、生鲜乳违禁物质。

二、生产过程的质量控制

目前，我国畜牧业生产形式主要有舍养和放养两种。饲养猪、鸡、奶牛等畜禽，要控制环境质量、养殖技术和排泄物、废弃物排放，以此减少用药甚至不用药，使畜禽产品质量免受不良影响；为人们提供肉、蛋、乳等产品，要做好药物残留检测。整个过程，要有专门的畜牧业质量监督机构督察。

（一）畜禽舍建设和消毒

（1）选址。要遵循社会公共准则，背风向阳，地势干燥，空气流通，交通方便，水源充足。猪圈样式有单列式、双列式、多列式，要有适当坡度，排水、排污顺畅，向沼气池方向倾斜。饲养区和人的居住区要有明显分居界线。

（2）消毒。同一畜禽场不能长期使用同一种消毒药，注意不同消毒药的作用特点。如腐蚀性、疾病针对性；冬季气温低，用一般消毒药物的浓度高于夏季；烧碱以2%最佳，并非浓度越高越好；先清扫粪尿，再消毒。较安全的方法是用石灰乳消毒，石灰乳配制是用生石灰（CaO）1份加水1份制成熟石灰 $Ca(OH)_2$，然后用水配成10%～20%混悬液，有相当强的杀灭作用。畜舍消毒时关闭畜舍门窗，先用消毒液喷洒地面，再用消毒液将天棚、墙壁、饲槽、地面均匀喷洒，常用的消毒液有18%～20%石灰乳、5%～20%漂白粉溶液、2%～4%烧碱液、30%草木灰水等。

（二）选择良种

要选择抗病性强的高产优质品种和健康无病的商品畜禽种源，如选择"土二杂"或"洋三杂"作育肥猪，这是因为"三杂猪"具有生长快、瘦肉多等诸多优点。

（三）畜禽疫病诊断监测

对畜禽产地、屠宰、运输、市场等环节进行检疫监控；对饲料和添加剂、兽药和生物制品、动物健康状况、有害物残留、畜禽场环境状况进行安全监控，杜绝不符合检疫卫生标准的产品进入市场。

（四）做好防疫

初出生的畜禽体温调节能力差，对异常气候极为敏感，夏季需防暑，冬季要保暖；消化系统不发达，缺乏先天的免疫力，易生病，要及时地分期进行预防接种，以防止暴发性和流行性的传染病发生与传播。成长畜禽按其生理特点进行防疫。猪瘟免疫，一般公猪、繁殖母猪和育肥猪每年春秋各注射猪瘟兔化弱毒疫苗1次，注射剂量为常规量的4倍。

（五）保持良好的养殖环境

一是要干净、舒适、安静、卫生，做到"四净"，即栏圈净、个体净、食槽净、用具净。二是提供多样搭配的全价饲料，定时定量饲喂，自由饮用清洁水。饲料和饮水要清洁、新鲜，禁止使用腐败、变质、霉烂饲料。三是及时驱虫，以减少或预防病原扩散。消灭病原寄生虫的有力措施，如育肥猪在春秋两季对全群猪各驱虫1次，断奶后6个月猪应进行1~3次驱虫，怀孕母猪在产前3个月驱虫。四是经常消毒，常用生石灰或石灰乳较安全有效。石灰乳配制是用生石灰（CaO）1份加水1份制成熟石灰 $Ca(OH)_2$。然后用水配成10%~20%混悬液，有相当强的杀灭作用。

（六）预防为主少用兽药

多数畜禽产品质量不合格是药物引起的，做好对疾病的预防和正确治疗，以少用药或不用药为好，使畜禽产品少药残或无药残。

（1）预防畜禽感冒。加强饲养管理，防止畜禽突然受寒，避免将其放置在潮湿阴冷和有贼风处，特别在驱赶运动后，要防止风吹雨淋，气温骤变。

（2）预防痢疾。一是合理搭配饲料，使其含有丰富的维生素和无机盐；二是栏圈清洁卫生，经常清扫、冲洗、消毒，不蓄积污水或粪尿，注意通风保暖，每周消毒1次；三是幼仔提早开食，以促进其消化机能发育，增强抗性。

（3）预防中暑。一是天热时供给充足的饮水；二是栏圈通风良好，圈内不能过于拥挤，每天用冷水喷洒1~2次；三是圈内配有电风扇或排风扇，气温高时及时排风；四是口服一些清热解暑药达到解暑降温目的；五是避免栏圈阳光直射，棚顶可盖一些稻草或遮阳网。

（4）预防软脚病（软骨病）。软脚病多在猪饲养过程中发生，非高温时，要经常晒太阳，尤其在冬季雨雪期较长时，如遇有太阳应把猪赶出圈外晒太阳。平时多喂青绿饲料，同时在饲料中加骨粉、鱼粉等。

（七）畜禽尸体无害化处理与粪便生物消毒

规范尸体处理与粪便消毒，一方面预防环境污染，另一方面防止由此引起其他农产品质量失控。

凡是死因不明或病死的畜禽尸体，应严密运送到指定地点或加工厂做无害化处理，或科学焚烧、掩埋。掩埋应远离人畜、农舍、水源、饲养场等，挖2米以上的坑深埋，同时喷洒消毒剂。

采用生物热消毒法防止粪便对环境污染。这是一种最常用的粪便消毒法，粪便在堆积过程中，粪便中的微生物发酵产热，可使温度高达70℃以上。经过一段时间，以杀死细菌、病毒、寄生虫卵等病原体。

第三节　水产业生产过程中农产品质量控制

水产业是指利用水域或开发潜在水域（低洼地、沼泽地、滩涂等），以养殖、采集、栽培、捕捞具有经济价值的水生动植物产品的行业。

一、引起水产品质量不安全的因素

影响水产品质量安全的因素有物理上（色度、浑浊度、气味等）、化学上（有机物和无机物的含量）、生物上（细菌，微生物等）在水产品生产过程中的各种物质作用。

（一）药物残留

农业部2001年168号公告《饲料药物添加剂使用规范》规定了允许在饲料中长期添加使用的药物添加剂，包括适用动物、用法用量、停药期及注意事项等。然而，有的饲料企业和养殖场（户）没有严格执行规定，超限量添加药物添加剂，且不遵守休药期规定，导致水产品药物残留超标。主要表现在以下几点。

（1）使用未经批准的药物或禁止使用的药物。一些养殖场（户）和饲料公司受利益驱动而使用违禁药物，或者使用成分不明的鱼药；渔户违规用药，或者经营者为使搬运中擦伤的鱼苗不腐烂、不发病，使用孔雀石绿、呋喃唑酮、氯霉素。更有甚者，非法使用违禁药物和工业原料。一些违禁药物如，激素类、类激素类和安眠镇静类物质也被不法商贩使用，危害消费者的健康。

（2）不正确使用或滥用药物。使用药物时，用药剂量、给药途径、用药部位和用药的水产动物种类不符合用药规定，造成药物在体内残留。

（3）未能遵守药物使用的休药期。休药期是指水产品允许上市前或允许食用前的停药时间。有的水产养殖场（户）的休药期意识比较淡薄，不遵守休药期，造成药物残留。

（二）饲料中天然有毒有害物质

加工不规范，饲料原料中往往含一种或多种天然有毒有害物质，如植物性饲料的生物碱、生氰糖苷、棉酚、单宁、蛋白酶抑制剂、植酸以及有毒硝基化合物等；动物性饲料中的组氨、抗硫氨素等。这些有害物质可对动物机体造成危害和影响。

（三）饲料含重金属

饲料卫生指标超标，含重金属砷、铅、汞、铬等和有毒有害物质氟、氰化物、亚硝酸盐等，人因食用被污染的动物源性食品对健康造成威胁和伤害。

引起质量不安全的重点：孔雀石绿、氯霉素、呋喃硝基在水产品中残留；病死甲鱼的非法出场。

二、生产过程的质量控制

创造优质环境，以减少病菌传播；选用抗病品种，以减少病菌侵入；采用综合防治，以减少药物使用，从而保障水产品质量。

（一）建设渔场以创造优质条件

（1）水源条件要求水源充足、无污染，水的物理和化学特性符合国家渔业用水水质标准。

（2）池塘条件要求注、排水渠道分开，避免互相污染；池塘无渗漏，淤泥厚度应小于10厘米；进水口加密网（40目）过滤，避免野杂鱼和敌害生物进入鱼池。建设病死水产品无害化处理设施。

（3）放养前池塘处理。放养鱼种前10~15天进行池塘药物清塘，以杀灭池塘中的病原体和敌害生物。常用方法为：干法清塘用生石灰

75千克/亩或漂白粉（含有效氯25％以上、浓度为1mg/kg）全地泼洒。

（二）创造优质环境以减少病源

一是定期加注新水，及时排放老水，增加水体溶解氧，改善水质。缺水池塘如遇水质老化或污染，泼洒1mg/kg浓度的漂白粉消毒，保持水色为黄绿色或褐色，肥瘦适中，使池水透明度20～30厘米。定期泼洒生石灰，杀灭水中的有害病菌。每20天左右泼洒1次生石灰，用量为20～30千克/亩。二是工具消毒。养鱼用的各种工具往往成为传播疾病的媒介，在已发病鱼塘使用过的工具，必须及时消毒，方法是用50mg/kg高锰酸钾或200mg/kg漂白粉溶液浸泡5分钟，然后以清水冲洗干净，或在每次使用后置于阳光下暴晒半天。三是食场消毒。在鱼病流行季节，每半个月对食场消毒1次，用漂白粉250克加水适量溶化后，泼洒到食场及其附近（应选择晴天在鱼体进食后进行）；或定期进行药物挂袋，一般每袋用量为漂白粉150克、敌百虫100克，连用3天。

（三）选择优良苗种以提高抗性

（1）苗种要求抗性强，体质健壮，规格整齐，体表光滑，无伤无病，游泳活泼，溯水力强。

（2）苗种消毒在苗种放养前进行，以防鱼种带病下塘。采用药浴法，用3％～5％的食盐浴5～20分钟；15～20mg/kg的高锰酸钾浴5～10分钟；15～20mg/kg的漂白粉溶液浴5～10分钟。药浴的浓度和时间需根据不同的养殖品种、个体大小和水温等情况掌握。苗种消毒操作时动作要轻、快，防止鱼体受到损伤，一次药浴的数量不宜太多。

（3）苗种投放选择在无风的晴天，入水的地点应选在向阳背风处，将盛苗种的容器倾斜于池塘水中，让鱼儿自行游入池塘。

(四)建立操作模式以健康养殖

(1)科学混养。根据池塘条件、鱼种情况等确定主养和配养品种及其投放比例，合理的混养不仅可提高单位面积产量，对鱼病的预防也有较好的作用。混养不同食性的鱼类，特别是混养杂食性的鱼类，能吃掉水中的有机碎屑和部分病原细菌，起到净化水质的作用，减少鱼病发生的机会。

(2)秋冬放养。采用冬季或秋季放养，使鱼类适应环境。深秋、冬季水温较低，鱼体亦不易患病，开春水温回升即开始投饵，鱼体很快得到恢复，以增强抗病力。

(3)饲料消毒。首先保证不投喂发霉变质的饲料。在鱼体发病季节，定期用100~200mg/kg的漂白粉浸泡青饲料5分钟，对预防鱼肠炎、赤皮、烂鳃等病害有效。

(五)采用综合防治以少用鱼药

掌握无病先防、有病早治和防重于治的原则，避免鱼病发生。发现鱼病及时治疗，要对症下药，选用刺激性小、毒性小、无残留的优质鱼药，禁止使用国家禁用鱼药，严禁违规加大剂量。尽可能采用生态防治鱼病的方法。

(六)科学管理以产出优质产品

(1)坚持巡塘，养成每天早、中、晚巡塘的习惯，观察鱼类动态、池水变化等，以便发现问题及时采取措施。

(2)根据水质情况追肥，以15~20天施肥1次为好。施无机肥用氮肥2~3千克/亩和磷肥1千克/亩，混合后溶于水中全池泼洒；施有机肥应先发酵，用生石灰(用量1%)消毒后每次用量100~200千克/亩，泼洒在池塘四周；施绿肥、堆肥则将肥堆在池塘下风处的一角，利用风浪使其流入池塘即可。

（3）日常管理要细心操作，以防止鱼体受伤；保持鱼池环境卫生，勤除池边杂草、敌害及中间寄主，及时捞出残饵和死鱼做无害化处理；定期清理、消毒食场。确定专人记好鱼病防治等生产档案，如实填写"三项记录"（包括鱼死亡数量、死因、无害化处理方法）。管理人员要有较高的业务素质和良好的道德修养，忠于职守，遵守法规和制度；熟悉业务，及时提出育苗、分苗、暂养等计划，以及鱼苗的生长、饵料投入、水质水温情况和疾病预防、使用药物等意见，对其所承担的工作和水产品质量的保证，要有承诺，尽职尽责。

（七）实行病死水产品（甲鱼等）无害化处理

根据《中华人民共和国动物防疫法》，督促甲鱼养殖单位（户）按规定对病死水产品进行无害化处理，要落实无害化处理各项制度，责任到人。

（八）采用专项整治以防不合格产品出场

围绕《中华人民共和国食品安全法》《中华人民共和国动物防疫法》《中华人民共和国农产品质量安全法》《浙江省渔业管理条例》等法律法规，重点对健康养殖、规范用药、妥善处置病死甲鱼等相关知识进行宣传培训，提高养殖者法律和质量安全意识。以水产养殖生产为重点，采取查处、整改相结合手段，强化养殖主体责任。各级渔业主管、农业质监部门及渔政监督管理机构开展检打联动，进行水产品质量安全执法检查，以水产品生产单位的投入品使用情况、"三项记录"、产品抽检为重点，打击养殖生产中违法使用禁用药物和非法销售病死水产品（甲鱼等）行为。

思考题

1.种植业生产过程中农产品质量控制的关键措施。

2.畜牧业生产过程中怎样做好畜产品质量控制?

3.水产业生产过程中引起产品质量不安全的因素。

第四章　农产品加工过程的质量安全控制

第一节　中国农产品加工业的发展现状及存在问题

一、农产品加工的作用与地位

我国是一个农业大国，农业生产主要包括两大类：一类是种植养殖业，即原料生产业；另一类是原料加工业，即通过各种工程措施将第一类生产产出的原料如粮、油、果、蔬、肉、蛋、奶、水产品、棉、麻、糖、烟、茶等加工成人们吃、穿、用的成品或半成品，这就是农产品加工业。农产品加工业是我国国民经济的一个重要组成部分，是农业生产的继续、深化和发展，是农业生产与市场连接的纽带，是农产品商品化不可缺少的重要环节，在以市场为导向的"种—养—加"一条龙的农业产业中起着"龙头"作用。

农产品的贮藏、保鲜和加工，是降低农产品产后损失、增加农产品经济价值、提高农产品市场竞争力的有效措施。世界发达国家都将农产品加工业摆在农业的首要位置，足以说明其重要性。随着市场经济的发展，农产品的深度加工和综合利用显得越来越重要，这是我国经济发展的客观要求和必然趋势。依靠科技进步，开发利用农产品及其加工副产品，有利于加速农业结构优化，促进农业生产良性循环，实现农业的高产、优质和高效，有利于推动农村经济的发展，促进农村经济的繁荣。

二、中国农产品加工业发展的现状

农产品加工业的发展在一定程度上反映了一个国家的科学技术水平与富裕程度。世界上许多发达国家都把农产品的贮藏、保鲜、加工放在农业的首位，非常重视农产品加工及其深度利用技术。如美国的马铃薯和玉米深加工技术，日本的稻谷加工技术和装备，瑞士的制粉技术，欧美的油脂精炼及副产物精细化工产品制取技术均称雄于世。20世纪70年代以来，世界经济发达国家陆续实现了农产品保鲜产业化，意大利、荷兰等国的保鲜规模达60%，美国、日本达70%。发达国家粮食和果菜食品工业转化率分别在80%和50%以上，工业食品占整个食品的80%~90%。

改革开放以来，随着市场经济的建立与发展，我国农产品加工业得到迅速发展，取得了长足进步。通过近20年来的科研攻关，我国产地果蔬贮藏与保鲜技术的研究与应用，使主要果蔬的贮藏与供应期明显延长。苹果贮藏期达6~8个月，柑橘的常规性防腐保鲜问题得到解决，香蕉催熟技术达到国外同类水平，芒果贮存期可达38天，荔枝冷藏达34天，常温贮藏达6~7天，冬贮大白菜烂料损已大幅度降低；规格菜、净菜工程已被京、沪等地列入议程；贮粮技术有了较大的发展，着重开发了粮食烘干、机械通风、低温贮粮、气调贮粮技术；农产品加工向深度、精度及专用化的方向发展，开发出各种等级的专用面粉和玉米粉、变性淀粉，各种专用油、系列植物蛋白，研制成功具有高附加值的低酚棉蛋白发泡粉和乳化剂等；以果蔬为原料开发了果汁菜汁、脱水蔬菜、保鲜食品；麻类生物脱胶技术的开发利用，提高了纤维的产量和质量；薯类产品的开发、菌类产品的培植以及大豆、花生、棉花产品的深度加工，把农产品的加工推向了一个新的高度。一批适用的先进技术与机械在农产品加工中得到了初步推广，国外先进技术的引进和设备的应用，取得了良好的经济效益，推动了我国农产品加工业的发展。

三、中国农产品加工过程中存在的质量安全问题

（一）加工环境

加工企业厂址选择不当、厂房设施设备设计不合理、工作人员卫生不规范，都会对加工环境造成污染。食品加工企业的选址时应考虑水源是否安全、厂址是否远离污染源（一些排放毒性物质的化工厂、垃圾堆放处等），且处于污染源的下风口；厂房设施设备的布局不合理也会带来不必要的二次污染，如生产线缺少污染区与洁净区的划分，地面、天花板、墙壁等卫生不规范，设备的材质及安装不便于清洁消毒，使得微生物滋生。此外，工作人员不遵守卫生操作规程，极易将微生物、病原菌传播到食品上，发生二次污染。

（二）加工技术工艺

在农产品加工过程中所利用的各种加工技术和工艺，如分离、干燥、发酵、清洗、杀菌、腌制、熏制、烘烤等，对质量安全均存在不同程度的潜在影响，即使在发达国家也是如此。进一步完善加工技术和正确使用加工技术，找出关键控制点，解决其中的安全隐患是中国

乃至世界食品安全发展的关键问题。

在分离过程中使用的过滤介质或萃取溶剂对设备有腐蚀作用，或本身就有毒；在干燥过程中，如果干燥时间和温度控制不当，也会造成干燥不彻底，微生物滋生，或引起食品变质（一些油脂含量高的食品尤为突出）；在发酵过程中形成的一些副产品或不适当的工艺会形成有毒物质，如酒精发酵过程中形成的甲醇、杂醇油等对人体有害；采用冷杀菌技术，如药剂、辐射、紫外线、臭氧等也会带来有害物质的残留或引起食品变质等隐患；在腌制过程中，硝酸盐还原生成亚硝酸盐，它与人体内氨基酸的脱羧二级胺一起在胃里形成亚硝酸胺等致癌物质；在熏制过程中，木材在不完全燃烧时生成多环芳香烃化合物等致癌物质。

（三）食品添加剂的使用

食品添加剂是食品工业发展的重要组成部分，从某种意义上来说没有食品添加剂，就没有现代食品加工业。但若不科学地使用会对加工农产品质量安全带来影响。2007年，国家质检总局对饼干、炒货、膨化食品、糖果、蜜饯五类食品质量进行了国家监督专项抽查，共抽查了446家企业生产的520种产品（不涉及出口产品），产品平均抽样合格率为81.7%[1]。不合格的主要原因是卫生指标和食品添加剂不合格，如：饼干中微生物、铝含量、二氧化硫、甜蜜素超标，炒货中糖精钠含量超标，膨化食品中检出糖精钠、甜蜜素，糖果中检出糖精钠、甜蜜素等。

食品添加剂带来的影响因素可以分为3种：一是有些食品添加剂生产企业不按规程生产，致使生产出的食品本身质量存在问题。二是食品添加剂使用不按标准执行。GB 2760—1996《食品添加剂使用卫生标

---

[1] 2007年4月29日发表于东方网

准》明确规定了食品添加剂的品种、使用范围及最大限量，在标准规定下使用，安全性是有保证的。三是违规使用国家明令禁止的有毒添加剂或工业用原料。目前，禁止使用的有毒添加剂共 20 种。

(四)包装过程

包装的原材料、辅料、工艺方面的安全性直接影响食品质量安全。由于与食品直接接触，包装材料中的有害物质会向食品中释放，纸质包装可能存在增白剂或重金属超标，还有纸板间的黏合剂等含有毒物质；塑料制品中所含增塑剂、稳定剂、着色剂容易溶出，或者用回收工业废旧塑料、医疗垃圾制造出来的塑料包装制品中含有致病菌和铅等重金属；玻璃容器由于一般都是循环使用，可能存在异物或清洗消毒剂的残留。此外，在包装操作过程中，如环境无菌程度不高或包装后杀菌不彻底，尤其是在人工包装过程中，均有可能发生污染。

第二节　农产品加工的通用质量安全管理

一、食品企业通用卫生规范 (GB 14881—2013)

食品企业通用卫生规范规定了食品企业的食品加工过程、原料采购、运输、贮存、工厂设计与设施的基本卫生要求及管理准则。适用于食品生产、经营的企业、工厂，并作为制定各类食品厂的专业卫生规范的依据。

(一)原材料卫生要求

购入原则：要具有一定的新鲜度，不含有毒有害物质，也不应受到污染；运输工具应符合卫生要求；应设置与生产能力相适应的原材料场地和仓库。

（二）工厂卫生要求

厂区要远离有害场所。建筑结构完善，并能满足生产工艺和质量卫生要求；给排水系统应能适应生产需要，设施应合理有效。污水排放必须符合国家规定的标准；加工后的废弃物应远离生产车间，且不得位于生产车间上风向；烟道出口与引风机之间需设置除尘装置；各种管道、管线尽可能集中走向。冷气管不宜在生产线、设备和包装台上方通过，防止冷凝水滴入食品。

（三）工厂的卫生管理

食品厂必须建立相应的卫生管理机构，配备经过培训的专职或兼职食品卫生管理人员。建立健全设备设施维修保养制度，定期检查、维修，防止污染食品；应制定有效的清洗及消毒方法和制度。清洗剂、消毒剂、杀虫剂以及其他有毒有害物品均应有固定包装、贮存于库房和柜橱内，专人负责保管，建立管理制度。各种药剂的使用品种和范围，须经省卫生监督部门的同意；污水排放应符合国家规定标准，达标后排放。厂区设置的污物收集设施，应为密闭式或带盖，在24小时之内运出厂区处理；食品厂全体工作人员，每年至少进行一次体格检查，取得卫生监督机构颁发的体检合格证明者，方能从事食品生产工作。

（四）生产的卫生要求

应按产品品种分别建立生产工艺和卫生管理制度；原材料必须检验、化验，合格后方可使用；各项工艺操作应在良好的情况下进行：生产设备、工具、容器、场地等在使用前后均应彻底清洗、消毒；维修、检查设备时，不得污染食品；包装上的标签，应按国家规定的有关标准执行；生产过程的各项原始记录（包括工艺规程中各个关键因素的检查结果）应妥善保存，保存期应较该产品的商品保存期延长6个月。

(五)卫生的管理

应设立与生产能力相适应的卫生和质量检验室,并配备经专业培训、考核合格的检验人员。

卫生和质量检验室应具备所需的仪器、设备,并有健全的检验制度和检验方法。原始记录应齐全,并应妥善保存,以备核查;应按国家规定卫生标准和检验方法进行检验。检验用的仪器、设备,应定期检定,及时维修。

(六)成品卫生要求

经检验合格包装的成品应贮存于成品库,其容量应与生产能力相适应;要设有温度控制、湿度检测装置和防鼠、防虫等设施,定期检查和记录;运输工具(包括车厢、船舱和各种容器等)应符合卫生要求。

(七)个人卫生的要求

从业人员(包括临时工)应接受健康检查,并要先经过卫生培训教育;不准穿工作服、工作鞋进厕所或离开生产加工场所;进入生产加工场所或生产车间的其他人员(包括参观人员)均应遵守本规范的要求。

二、食品添加剂使用标准(GB 2760—2011)

2011年5月13日,卫生部公布了新版的《食品添加剂使用标准》(GB 2760—2011)。新标准主要根据《中华人民共和国食品安全法》等相关法律法规进行修订,强调了食品添加剂既要符合安全性的要求,也要满足工艺必要性的要求。从标准内容来看,调整了部分食品添加剂的使用规定和食品分类系统,整合了香精、香料和加工助剂的内容,允许使用的添加剂品种有所减少。按照《中华人民共和国食品安全法》，这个标准是强制性标准，在食品生产、加工、经营和餐饮环节都必须严格遵守。

食品添加剂并非洪水猛兽，也是食品的必要组成部分，使食品防腐耐存，保持和提升色、香、味、形，改善加工性能，但是使用食品添加剂是有严格制约的，无论何种添加剂在使用时必须讲究无害性、必要性、有效性和最少量化，且不得掩盖食品的缺陷，更不得添加非食用物质。

（一）食品添加剂使用时应符合的基本原则

不应对人体产生任何健康危害；

不应掩盖食品腐败变质；

不应掩盖食品本身或加工过程中的质量缺陷或以掺杂、掺假、伪造为目的而使用食品添加剂；

不应降低食品本身的营养价值；

在达到预期的效果下尽可能降低在食品中的用量；

食品工业用加工助剂一般应在制成最后成品之前除去，有规定食品中残留量的除外。

（二）在以下情况可使用食品添加剂保持或提高食品本身的营养价值

作为某些特殊膳食用食品的必要配料或成分；

提高食品的质量和稳定性，改进其感官特性；

便于食品的生产、加工、包装、运输或者贮藏。

第三节　粮油产品加工过程的质量安全控制

一、影响粮油食品加工质量安全的主要因素

粮油食品生产涉及多行业多领域，与环境、生态、农业、化工、食品加工等息息相关。粮油食品的生产原料（原粮、油料等，包括进口粮油），辅料（食品添加剂、有机溶剂、脱色剂、水等），包装物及成品在种植、收储、加工、运输、销售过程中，会受到各类有害物质的污染，致使粮油食品的质量安全性、营养性发生改变。随着经济建设和科学技术的不断发展，各种化学物质的不断产生和应用，有害物质的种类和来源进一步繁杂。按污染的性质，可分为化学性污染、生物性污染、物理性污染。

（一）化学性污染

常见的粮油食品的化学性污染有农药、仓储药剂的污染和工业有害物质的污染。化学农药及仓储药剂品种多，按其用途分为杀虫剂、杀菌剂、除草剂、植物生长调节剂、粮食熏蒸剂、防护剂等。这些药剂不仅在生产环节可能造成对粮油的污染，在储存环节因粮油对熏蒸剂、防护剂有较强的吸附性，若使用方法不当，通风散气不够，会对粮油造成污染；在运输流转环节与农药混放也会造成污染。上述药剂除可引起人体的急性中毒外，绝大多数会对人体产生慢性危害，并且大多通过对粮油及其制成品的污染而影响人体健康。

随着现代工业技术的发展，工业有害物质及其他化学物质对粮油的污染也越来越引起人们的重视。工业有害物质及其他化学物质，主

要指重金属毒物（如甲基汞、镉、铅、砷）、N-亚硝基化合物、多环芳香族化合物等。工业有害物质污染粮油的途径有环境污染、水质污染，食品容器、包装材料、生产设备与工具的污染，运输过程的污染等。

（二）生物性污染

细菌及细菌毒素、霉菌及霉菌毒素、病毒、寄生虫及卵等均可对粮油食品造成生物性污染。

细菌对粮油食品的污染途径有以下几种：一是对原料的污染，污染程度因原料品种和来源不同而有较大差异；二是对加工过程的污染；三是在粮油食品贮存、运输、销售环节中的污染。常见污染粮油食品的细菌有假单孢菌、微球菌、葡萄球菌、芽孢杆菌与芽孢梭菌、肠杆菌、乳杆菌等。

（三）物理性污染

粮油食品在生产过程中常会混入一些无机杂质或有机杂质，粮油食品也可能会吸收、吸附外来的放射性物质，引发质量安全问题，造成粮油食品的物理性污染。无机杂质主要指在农业生产环节和食品加工环节混入的砂粒、煤渣、矿渣、玻璃渣、灰尘、磁性金属物等。有机杂质中对粮油食品质量安全影响较大的是混入原粮、油料中的有毒植物种子，最常见的有毒麦、假高粱、曼陀罗籽、麦仙翁、果洋茉莉籽、洋槐籽等。

天然放射性物质在自然界分布很广，广泛存在于矿石、土壤、天然水、大气及动植物组织中。核工业的放射性核素对环境可能造成污染，例如核试验沉降物的污染、核电站和核工业废物排放的污染、意外事故引发核泄漏造成的局部性污染。放射性物质主要通过水及土壤污染农作物。

二、构建粮油食品加工质量安全控制体系

通过对当前影响粮油食品质量安全主要因素的分析和借鉴国际先进管理经验，建立粮油食品质量安全控制体系，应着重抓好以下几方面的工作。

（一）确保生产原料的优质和质量安全

粮油食品加工企业要确保产品的质量安全，就必须对原料的生产、收购、储运等过程进行全程质量跟踪和监控，才能防止粮油原料受到农药、仓储药剂、重金属等有害元素、霉菌毒素及其他有害因素的污染，或将有毒有害物质含量控制在国家食品卫生标准允许的限度之内。这就需要企业在原料来源所在地域，在农业部门的支持协调下，通过调查研究，选择质量信誉好的农户、农场、收储企业，采取"公司+基地、公司+农户"、订单农业来建立长期可靠的购销合作关系等方式，实现对粮油原料的控制和跟踪。每批次原料都应有供货方提供的质量卫生检验合格凭单随货同行，并经加工企业复验合格方可入厂。

（二）建立健全专门的质量管理部门和相关的质量管理制度

要使质量管理部门有职有权，实行质量一票否决制，根据行业特点和企业实际情况，选择好关键控制点，制定出相应的控制标准。例如，面粉加工企业应着重控制好原辅料验收，原料筛选清理，去石、润麦、磁选、配粉、食品添加剂的质量、添加量和混合均匀度，包装材料的质量及合理使用；油脂加工企业应着重控制原辅料验收，原料的筛选清理，溶剂质量与残留，精炼和脱色时的工艺条件，抗氧化剂的质量、添加量和均匀度，包装材料质量卫生状况等。

（三）编制和选用先进的产品标准

为了使产品质量有较强的竞争力，企业可以相关产品的国家标准为基础，制定符合本行业和企业实际情况的更先进的企业产品标准。执行国家标准的产品，为了保证产品质量达标，对影响质量安全的关键控制点，在实际生产操作中一定要制定严于国家标准的调节性标准或内控标准。

（四）建立有效的质量安全控制制度

要对落后的生产工艺进行技术改造，及时淘汰更新不能确保产品质量安全的旧设备。检化验设备仪器不但要满足终端产品把关检验的需要，还要满足各关键质量控制点检测及时、快速、准确的要求，把质量问题控制在萌芽状态，不让有问题的原料和半成品进入下一道工序。

第四节　畜禽产品加工过程的质量安全控制

中国是世界上肉、蛋、奶生产大国，也是世界上最大的肉、蛋、奶消费国。近几年发生的"瘦肉精""红心蛋""三鹿婴幼儿奶粉"等事件触目惊心，肉、蛋、奶等食品安全已成为当今影响广泛而深远的社会问题，已引起全社会的普遍关注。建立肉、蛋、奶等食品安全保障机制，不仅是保障人类健康、促进畜牧业可持续发展和我国对外贸易的需要，也是农民增产增收和国家政治经济社会稳定的需要。

一、影响畜禽产品加工质量安全的主要因素

目前，我国仍存在一定数量的小规模畜禽加工厂，大多设备简陋，环境卫生条件不达标，加工过程不规范，部分从业人员卫生素质不高，

加之检疫检验不能及时到位，存在严重的畜产品安全隐患。

畜禽屠宰过程中，由于畜禽经长途运输或过度疲劳，细菌容易经消化道进入血液。未经休息而立即宰杀时，其肌肉和实质性器官有细菌侵入；在剥皮（去毛）时，有可能受外界污染，造成胴体表面的微生物污染；去内脏时，内脏破裂带来交叉污染；冲洗过程中，冲洗不彻底造成致病菌生长；在冷却阶段，温度不当也会造成致病菌生长；包装阶段，会受到包装材料中有害化学物的污染。

此外，畜禽产品加工中，添加剂的使用对畜禽产品也造成污染。一部分化学合成的添加剂具有一定的毒性和致癌性，危害人体健康。例如，防腐剂硼酸可引起恶心、呕吐、腹疼、血压下降等；奶油黄有强致癌性；漂白剂甲醛次硫酸钠可产生甲醛、亚硫酸等有毒物质。

二、畜禽食品加工质量安全控制体系

（一）厂区环境

企业不得设于易遭受污染的地区，厂区周围不应有粉尘、有害气体、放射性物质和其他扩散性污染源，不得有昆虫大量孳生的潜在场所，否则应有严格的食品污染防治措施。厂区四周环境应易于随时保持清洁，地面不得有严重积水、泥泞、污秽等。厂区的空地应铺设混凝土、沥青或绿化。厂区邻近及厂内道路，应采用便于清洗的混凝土、沥青及其他硬质材料铺设，防止扬尘及积水。厂区内不得有产生不良气味、有害（毒）气体、煤烟或其他有碍卫生的设施。厂区内禁止饲养与生产无关的动物，实验动物、待加工禽畜的饲养区应适当管理，避免污染食品，其饲养区应与生产车间保持一定距离，且不得位于主导风向的上风向。厂区有顺畅的排水系统，不应有严重积水、渗漏、淤泥、污秽、破损或滋长有害生物而造成污染的可能。厂区周围应有适当防范外来污染源侵入的设计和建筑。若设置围墙，其距离地面至少 30 厘米以上部分应采用密闭性材料建造。厂区如有员工宿舍及附设的餐厅等生活区，应与生产作业场所、贮存食品或食品原材料的场所隔离。

（二）厂房及设施

厂房设置应按生产工艺流程需要和卫生要求，有序、整齐、科学布局，工序衔接合理，应按饲养、屠宰、分割、加工、冷藏等顺序合理设置，避免原材料与半成品、成品之间交叉污染。运送活畜、禽与产品出厂不得共用一个大门，厂内不得共用一个通道。生产车间和贮存场所的配置及使用面积与产品质量要求、品种和数量相适应。为防止交叉污染，应分别设置人员通道及物料运输通道，各通道应装有空气幕（即风幕）或水幕、塑料门帘或双向弹簧门。不同清洁区之间人员通道和物料运输应有缓冲室。在有臭味、气体（蒸气及有毒有害气体）或粉尘产生而有可能污染肉制品的场所，应有排除、收集或控制装置。洗手设施应以不锈钢或陶瓷等不透水材料制造，且易于清洗消毒。 洗手设施应设置在车间进口处和车间内适当的地点，采用非手动式水龙头（包括按压自动关水式、肘动式等）。更衣室应设于生产车间进口处，并靠近洗手设施。更衣室应男女分设，其大小与生产人员数量相适应，更衣室内照明、通风良好，有消毒装置。不得使用大通道冲水式厕所。厂区设置坑式厕所时，应距生产车间 25 米以上，便于清扫、保洁，并设置防蚊、防蝇设施。应设置与生产能力和产品贮存要求相适应的仓库（冷库），大小应满足作业顺畅进行并易于维持整洁。原辅料仓库及成品仓库应分开设置。同一仓库内贮存性质不同物品时，应适当区隔。

（三）管理机构与人员

建立企业最高领导负责的质量管理机构，对企业食品安全管理负全面职责，设置生产管理、质量管理、卫生管理等职能部门。生产管理负责人与质量管理负责人不得相互兼任。企业上述负责人应了解《中华人民共和国食品安全法》和《中华人民共和国农产品质量安全法》等有关法律法规内容，具有一定的食品安全卫生和生产、加工等专业知识。

（四）卫生管理

企业各部门应制定相应的卫生管理制度，由企业质量管理机构审核并监督执行。卫生管理部门制定检查方案并负责实施。每日由班组卫生管理人员对本岗位的卫生制度执行情况进行检查。卫生管理部门定期进行全厂范围内的生产和环境卫生检查。每次检查应有记录，并存档备案。企业应制订清洗、消毒措施和制度，保证企业所有场所、设备和工器具的清洁卫生，重点部位如原材料预处理场所、加工制造场所、厕所、更衣室、淋浴室等（包括地面、水沟、墙壁等），每天开工前和下班后应及时清洗消毒，必要时增加清洗消毒频次。所有食品接触面，包括设备和工器具等与肉制品接触的表面，应防止锈蚀并经常予以消毒，消毒后要清洗彻底（热消毒除外），以免消毒剂残留污染肉制品。肉制品生产操作人员必须保持良好的个人卫生，应勤理发、勤剪指甲、勤洗澡、勤换衣。进入生产车间前，必须穿戴好整洁的工作服、工作帽、工作鞋靴。工作服应盖住外衣，头发不得露出帽外，必要时需戴口罩。不得穿工作服、工作鞋进入厕所或离开生产车间。

（五）生产过程管理

投入生产的原料肉及相关的原材料应符合相应标准要求，每批原料肉须经检验合格后方可使用。来自厂内外的半成品当作原料使用时，其原料、生产环境、生产过程及品质控制等仍应符合有关操作规范的要求。进厂的畜、禽必须来自安全非疫区，兽药使用必须符合国家规定，并经检验检疫合格，附有关证明。原材料投入使用前应目测检查，必要时进行挑选，除去不符合要求的部分及外来杂物。合格与不合格原材料应分别存放，并有明确醒目的标识加以区分。原材料应在符合有关标准规定的条件下存放，避免受到污染、损坏。需冻结冷藏的库温保持在−18℃以下，冷却冷藏的库温在0~4℃。外包装有破损的原材料应单独存放，标明破损原因并在检验合格后方可使用。可重复使用（如返工料）或继续使用的物料应存放在清洁、加盖的容器中，并在容器外明确标示。冷冻原料解冻时应在能防止其质量下降和遭受污染的条件下进行，不得使用静止水解冻。生产结束而未使用完的原材料应妥善存放于适当的保存场所，防止污染，并在保质期内尽快优先使用。生产操作应符合安全、卫生的原则，应在尽可能减低有害微生物生长速度和食品污染的控制条件下进行。肉制品加工过程应严格控制理化条件（如时间、温度、水分活性、pH值、压力、流速等）及加工条件（如冷冻、冷藏、脱水、热处理及酸化等），以确保不至因机械故障、时间延滞、温度变化及其他因素导致肉制品腐败变质或遭受污染。使用发色剂和发色助剂必须严格控制在国家相关标准允许的范围内。使用食用盐腌制肉制品，避免铜、铁、铬等金属离子带入肉制品。

第五节 果蔬产品加工过程的质量安全控制

一、果蔬加工中的质量安全问题

蔬菜、水果等农产品在加工、包装、贮运等采后过程中，如果不注意风险控制，其质量安全同样会受到威胁。加工场地选择不当，设备设计不合理，工作卫生不规范，都会对食品安全产生威胁；包装材料中的有害物质直接向食品释放，辅料、工艺上的安全性直接影响食品安全；为改善农产品外观、延长保质期或增重，使用超标添加剂和非法添加物，会产生一系列质量安全事件。威胁果蔬加工中质量安全的主要因素是微生物污染和添加剂（保鲜剂）的不合理使用。

二、果蔬产品加工中的质量安全控制

（一）微生物控制措施

微生物控制方法应根据微生物侵染特点采取措施，在采收、加工和运输过程中进行预防和治理。

（1）注意工具的清洁卫生，避免果蔬产生机械损伤，专业培训采收工人，做到实时监控其身体健康状况；

（2）果蔬深加工过程微生物控制，完善深加工灭菌条件；

（3）采用合理的冷藏技术，严格控制储运温度，避免机械伤害。

（二）添加剂控制措施

严格执行保鲜剂使用原则：

（1）优先选择天然保鲜剂；

（2）根据作用效果选择保鲜剂；

（3）根据储藏技术选择保鲜剂；

（4）严格控制保鲜剂用量。

此外还应注意：保鲜前的农产品质量必须良好；适时、适量使用；注意储藏温湿度。

思考题

1.农产品加工的作用与意义有哪些?

2.我国农产品加工过程中存在的质量安全问题有哪些?

3.食品企业通用卫生规范的主要内容有哪些?

4.食品添加剂使用标准的主要内容有哪些?

5.影响粮油食品加工质量安全的主要因素有哪些?

6.影响畜禽产品加工质量安全的主要因素有哪些?

7.果蔬加工中的质量安全问题主要有哪些?

8.有关农产品保鲜剂、防腐剂、添加剂强制性技术规范指的是什么?

第五章　农产品流通过程的质量安全控制

第一节　生猪定点屠宰管理

我国既是生猪生产大国，也是生猪产品消费大国，多数地区人民群众的日常肉食消费以猪肉为主。为了确保猪肉食品安全，杜绝病害肉、注水肉、添加"瘦肉精"肉进入市场，我国自1998年1月1日起就实行了生猪定点屠宰、集中检疫。为了进一步加强生猪屠宰管理，保障人民身体健康，国务院2007年12月19日第201次常务会议修订通过《生猪屠宰管理条例》，修订后的条例自2008年8月1日起施行[1]。

条例规定，未经定点，任何单位和个人不得从事生猪屠宰活动。但是，农村地区个人自宰自食的除外。生猪屠宰活动的监督管理由县级以上畜牧兽医部门负责。

---

[1] 2013年12月2日国务院办公厅国办发〔2013〕106号《关于加强农产品质量安全监管工作的通知》对条例的若干内容做了新的规定，涉及变更部分，在本教材中以通知为准

一、生猪定点屠宰厂（场）的资格获得

生猪定点屠宰行业实行准入管理。对新设立的屠宰企业，要严格按照国家相关法律法规、行业发展规划及本地设置规划的要求严格审核把关。生猪屠宰厂（场）应当具备符合国家规定标准的水源条件、屠宰场所和运输工具、检验及消毒工具、合格的屠宰技术人员和肉品品质检验人员、无害化处理设施和防疫合格证。

符合生猪定点屠宰条件的单位可以向设区的市级人民政府申请。经审查同意后由设区的市级人民政府颁发生猪定点屠宰证书和生猪定点屠宰标志牌，并及时向社会公布。

取得生猪定点屠宰资格的单位应当持生猪定点屠宰证书向工商行政管理部门办理登记手续。同时应当将生猪定点屠宰标志牌悬挂于厂（场）区的显著位置。不得出借、转让生猪定点屠宰证书和生猪定点屠宰标志牌。

未经定点从事生猪屠宰活动的，由畜牧兽医部门予以取缔，没收生猪、生猪产品、屠宰工具和设备以及违法所得，并处货值金额3倍以上5倍以下的罚款；构成犯罪的，依法追究刑事责任。

在定点屠宰过程中，畜牧兽医部门要进行定期检查，或根据社会举报进行检查。在监督检查中发现生猪定点屠宰厂（场）不再具备规定条件的，责令其限期整改；逾期仍达不到规定条件的，由设区的市级人民政府取消其生猪定点屠宰厂（场）资格。

二、肉品的质量安全规定

（一）动物检疫

生猪定点屠宰厂（场）屠宰的生猪，应当经动物卫生监督机构检疫合格，并附有检疫证明。

（二）屠宰规程

定点屠宰企业是肉品质量安全责任主体，必须严格执行进厂（场）登记、肉品检验、"瘦肉精"自检、无害化处理等制度，杜绝屠宰病死猪。

生猪定点屠宰厂（场）要如实记录其屠宰的生猪来源和生猪产品流向。生猪肉品品质检验应当与生猪屠宰同步进行，对于经肉品品质检验合格的生猪产品，生猪定点屠宰厂（场）应当加盖肉品品质检验合格验讫印章或者附具肉品品质检验合格标志。经肉品品质检验不合格的生猪产品，应当在肉品品质检验人员的监督下，按照国家有关规定处理。所有进场登记、肉品检验和无害化处理记录的保存期限不得少于2年，以便备查。

（三）禁止注水

在屠宰过程中，生猪定点屠宰厂（场）以及其他任何单位和个人不得对生猪及生猪产品注水或者注入其他物质。也不得屠宰注水或者注入其他物质的生猪。同时，要对未能及时销售或者及时出厂（场）的生猪产品采取冷冻或者冷藏等必要措施予以贮存。

对于未经肉品品质检验或者经肉品品质检验不合格的生猪产品，不得出厂（场）。对病害生猪及生猪产品必须进行无害化处理，处理所需的费用和损失，由国家财政予以适当补助。

出厂（场）未经肉品品质检验或者经肉品品质检验不合格的生猪产品的生猪定点屠宰厂（场），由畜牧兽医部门责令停业整顿，没收生猪产品和违法所得，并处货值金额1倍以上3倍以下的罚款，对其主要负责人处1万元以上2万元以下的罚款；货值金额难以确定的，处5万元以上10万元以下的罚款；造成严重后果的，由设区的市级人民政府取消其生猪定点屠宰厂（场）资格；构成犯罪的，依法追究刑事责任。

三、定点屠宰猪的销售

从事生猪产品销售、肉食品生产加工的单位和个人以及餐饮服务经营者、集体伙食单位销售、使用的生猪产品，应当是生猪定点屠宰厂（场）经检疫和肉品品质检验合格的生猪产品。

销售、使用非生猪定点屠宰厂（场）屠宰的生猪产品、未经肉品品质检验或者经肉品品质检验不合格的生猪产品以及注水或者注入其他物质的生猪产品的，由市场监管部门没收尚未销售、使用的相关生猪产品以及违法所得，并处货值金额3倍以上5倍以下的罚款；货值金额难以确定的，对单位处5万元以上10万元以下的罚款，对个人处1万元以上2万元以下的罚款；情节严重的，由原发证（照）机关吊销有关证照；构成犯罪的，依法追究刑事责任。

第二节　乳品收购管理

《乳品质量安全监督管理条例》于2008年10月9日起施行。条例规定乳品质量安全的第一责任人是奶畜养殖者、生鲜乳收购者、乳制品生产企业和销售者，县级以上地方人民政府对本行政区域内的乳品质量安全监督管理负总责。县级以上畜牧兽医部门负责奶畜饲养以及生鲜乳生产环节、收购环节的监督管理。

条例规定，省级畜牧兽医部门应当根据当地奶源分布情况，按照方便奶畜养殖者、促进规模化养殖的原则，对生鲜乳收购站的建设进行科学规划和合理布局。必要时，可以实行生鲜乳集中定点收购。同时，鼓励乳制品生产企业按照规划布局，自行建设生鲜乳收购站或者收购原有生鲜乳收购站。

一、生鲜乳收购站的建立

生鲜乳收购站应当由取得工商登记的乳制品生产企业、奶畜养殖场、奶农专业生产合作社开办，并具备下列条件，取得所在地县级畜牧兽医部门颁发的生鲜乳收购许可证：

（1）符合生鲜乳收购站建设规划布局；

（2）有符合环保和卫生要求的收购场所；

（3）有与收奶量相适应的冷却、冷藏、保鲜设施和低温运输设备；

（4）有与检测项目相适应的化验、计量、检测仪器设备；

（5）有经培训合格并持有有效健康证明的从业人员；

（6）有卫生管理和质量安全保障制度。

生鲜乳收购许可证有效期2年；生鲜乳收购站不再办理工商登记。禁止其他单位或者个人开办生鲜乳收购站。禁止其他单位或者个人收购生鲜乳。国家对生鲜乳收购站给予扶持和补贴，提高其机械化挤奶和生鲜乳冷藏运输能力。

二、生鲜乳的质量安全规定

（一）禁止添加任何物质

在生鲜乳生产、收购、贮存、运输、销售过程中禁止添加任何物质。

（二）保持生鲜乳的质量

生鲜乳收购站应当及时对挤奶设施、生鲜乳贮存运输设施等进行清洗、消毒，避免对生鲜乳造成污染；生鲜乳收购站应当按照乳品质量安全国家标准对收购的生鲜乳进行常规检测，检测费用不得向奶畜养殖者收取；生鲜乳收购站应当保持生鲜乳的质量。

（三）建立各项记录

生鲜乳收购站应当建立生鲜乳收购、销售和检测记录。生鲜乳收购、销售和检测记录应当包括畜主姓名、单次收购量、生鲜乳检测结果、销售去向等内容，并保存2年。

（四）签订购销合同

生鲜乳购销双方应当签订书面合同。生鲜乳购销合同示范文本可向当地畜牧兽医部门索取。

生鲜乳交易价格受县级以上价格部门的监控，购销双方签订合同时可参考物价部门发布的市场供求信息和价格信息。

（五）处理不合格乳品

收购站不允许收购含下列情况的生鲜乳，同时，经检测无误后，应当予以销毁或者采取其他无害化处理措施：

（1）经检测不符合健康标准或者未经检疫合格的奶畜产的生鲜乳；

（2）奶畜产犊 7d 内的初乳，但以初乳为原料从事乳制品生产的除外；

（3）在规定用药期和休药期内的奶畜产的生鲜乳；

（4）其他不符合乳品质量安全国家标准的生鲜乳。

（六）采用合格容器

对于收购的生鲜乳和贮存生鲜乳的容器，应当符合国家有关卫生标准，在挤奶后 2h 内应当降温至 0~4℃。

（七）执行规范的贮运制度

生鲜乳运输车辆应当取得所在地县级畜牧兽医部门核发的生鲜乳准运证明，并随车携带生鲜乳交接单。交接单应当载明生鲜乳收购站的名称、生鲜乳数量、交接时间，并由生鲜乳收购站经手人、押运员、司机、收奶员签字。

生鲜乳交接单一式两份，分别由生鲜乳收购站和乳品生产者保存，保存时间为 2 年。准运证明和交接单式样由省级畜牧兽医部门制定。

（八）及时报告质量安全事故

乳品收购过程中发生质量安全事故的，应及时向政府主管部门报告，并按照有关要求处置。

（九）自觉接受行政监管

县级以上畜牧兽医部门负责生鲜乳质量安全监管工作，制定并组织实施生鲜乳质量安全监测计划，对生鲜乳进行监督抽查，并按照法定权限及时公布监督抽查结果。生鲜乳生产和收购者要做好配合工作，监测抽查不得向被抽查人收取任何费用。

第三节　浙江省农产品产地准出制度

一、农产品产地准出管理的意义

农产品产地准出管理，是农业生产主体依照《中华人民共和国农产品质量安全法》及有关法律法规要求，建立健全管理制度，在农产品生产过程中，实施规范化管理，保障上市农产品质量安全的各项管理工作的综合体现。加强农产品产地准出管理，是农业部门依法履行职责、开展农产品生产环节质量安全监管的客观要求；是推进农业标准化生产、构建农产品质量安全管理长效机制的重要内容；也是建立食用农产品"从田头到餐桌"全程质量安全追溯制度的必要条件。

二、农产品产地准出管理的主要内容

农产品产地准出管理内容包括产品上市销售前涉及农产品质量安全各环节的监控工作。生产主体按照"有管理制度，有专门人员、有生产记录、有质量检测、有产品标识"和开展质量安全追溯管理(简称"五有一追溯")的要求，规范农产品产地准出管理。

（一）建立管理制度

按照保障不同农产品质量安全要求，制定并严格实施产地环境管理、农业投入品管理、动植物疫病防控、生产记录审核和质量安全追溯等制度，充分考虑可能影响农产品质量安全的各方面因素，明确标准化管理要求，实行制度化、常态化管理。

（二）落实管理人员

从事农产品生产的单位应配备专职或兼职的质量安全管理人员，负责监督实施各项管理制度，组织日常质量安全管理，发现问题应及时向单位主要负责人报告并督促整改。农产品生产单位应加强对从业人员的培训，增强农产品质量安全意识。负责质量安全管理的人员要掌握全面的业务知识，具有较强的管理能力，承担本单位农产品产地准出管理和产地准出初级审核工作。

（三）建立生产记录

农产品生产单位按照浙江省农业厅建立农产品生产记录的规定格式，真实、全面地记录农产品生产全过程操作和质量控制情况及产品销售对象，严格记录管理，记录保存2年。记录的主要内容有3个方面。

一是投入品记录：投入品品种、来源、数量。

二是生产过程记录：种养过程的投入品使用情况、关键环节作业情况、种养产品的质量状况。

三是销售记录：销售产品的名称、日期、数量、批次或编号、销售去向。

具体表格参见附件《农产品生产记录》和《畜禽养殖记录》。

各地农业部门按附件格式，根据实际情况，统一当地的表格格式，印制记录文本，加强指导培训，强化监督检查，确保农产品生产企业、农民专业合作社和"三品"获证单位全面建立生产记录。农产品销售前，应当对即将出售的农产品的生产、用药等记录进行审核，确认符合生产标准和停药期规定的，经企业质量安全管理人员审核签字后放行准出。

（四）开展质量检测

农产品生产单位实行上市农产品检测制度。对有快速检测方法标准的质量指标，生产者应自行或者委托相关检测机构对其生产的农产品进行质量安全检测；目前尚无快速检测方法的质量指标的，生产者应委托相关检测机构对其生产的农产品进行检测，并按照生产规模和重要质量指标监控的要求，确定检测批次；对未按规定进行质量安全检测或检测不合格的产品，不得上市销售。生产单位具有检测条件，可自行开展质量安全检测的，应配备质检员，并经培训考核合格后上岗。

（五）规范包装标识

上市销售的农产品，按照《农产品包装和标识管理办法》规定进行包装标识。除无法操作的农产品以外，获得"三品"认证的农产品应经包装或者附加标识后上市销售，并标注相应标志和发证机构。包装上市的农产品应当在包装上标注或者附加标识，标明品名、产地、生产者或者销售者名称、生产日期。未包装的农产品应当采取附加标签、标识牌、标识带、说明书等形式标明农产品的品名、生产地、生产者或者销售者名称等内容。

（六）实行质量追溯

农产品入市实施供证、供票制度。农产品生产企业、农民专业合作社上市销售的农产品，按规范出具产地证明、质量证明（自检结果报告，或委托检验、检测结果报告，或有效期内的"三品"证书）。县级农业部门统一印制产地证明，并根据本地实际，加强对出具产地证明的农产品进行质量安全监督抽查。

思考题

1.生猪定点屠宰对猪肉产品质量控制的重要意义。

2.如何利用《乳品质量安全监督管理条例》更好地控制当地乳品质量？

附件：农产品生产记录

×××农产品生产记录（样式）

生产单位(个人)：_____

生产地点：_____

种植面积：_____亩(食用菌：万袋、平方米)

作物种类、品种：_____

产地编号：_____

使用日期：　　　　年　　　　月——　　　　年　　　　月

监管人：_____电话：_____

表1　生产资料采购记录表（样式）

填表人：＿＿＿＿＿＿＿＿＿＿＿

日期	产品名称	主要成分	数量	产品批准登记号	生产单位	经营单位	票据号

表2　田间农事操作记录表（样式）

填表人：＿＿＿＿＿＿＿＿＿＿＿

日期	作物品种	作业面积	作业内容	农业投入品（肥、药等）		天气情况	备注
				商品名称	用量		

表3　产品销售记录表（样式）

填表人：＿＿＿＿＿＿＿＿＿＿＿

日期	产品名称	原生产地点	数量	产品批次或编号	销售去向（市场、单位或个人）	备注

畜禽养殖记录

×××畜禽养殖记录(样式)

单位名称:＿＿＿＿＿＿＿＿＿＿＿＿＿＿＿＿＿＿＿

畜禽标识代码:＿＿＿＿＿＿＿＿＿＿＿＿＿＿＿＿＿

动物防疫合格证编号:＿＿＿＿＿＿＿＿＿＿＿＿＿＿

畜禽种类:＿＿＿＿＿＿＿＿ 养殖规模:＿＿＿＿＿＿＿＿

地址:＿＿＿＿＿＿＿＿＿ 电话:＿＿＿＿＿＿＿＿

使用日期: 年 月—— 年 月

监管人:＿＿＿＿＿＿＿＿ 电话:＿＿＿＿＿＿＿＿

表1　疫苗购、领记录表(样式)

填表人：＿＿＿＿＿＿＿＿

购入日期	疫苗名称	规格	生产厂家	批准文号	生产批号	来源（经销点）	购入数量	发出数量	结存数量

表2　兽药(含消毒药)购、领记录表(样式)

填表人：＿＿＿＿＿＿＿＿

购入日期	名　称	规格	生产厂家	批准文号	生产批号	来源（经销单位）	购入数量	发出数量	结存数量

表3　饲料添加剂、预混料、饲料购、领记录表(样式)

填表人：＿＿＿＿＿＿＿＿

购入日期	名　称	规格	生产厂家	批准文号或登记证号	生产批号或生产日期	来源（生产厂或经销商）	购入数量	发出数量	结存数量

表4　疫苗免疫记录表（样式）

填表人：_____

免疫日期	疫苗名称	生产厂家	免疫动物批次日龄	栋、栏号	免疫数（头、只）	免疫次数	存栏数（头、只）	免疫方法	免疫剂量毫升/头、只	耳标佩戴数（个）	责任兽医

表5　兽药（含药物添加剂）使用记录表（样式）

填表人：_____

开始用药日期	栋、栏号	动物批次日龄	兽药名称	生产厂家	给药方式	用药动物数	每日剂量	用药目的（防病或治病）	停药日期	兽医签名

表6　饲料、预混料使用记录表（样式）

填表人：_____

日期	栋、栏号	动物存数（头、只）	饲料或预混合料名称	生产厂家或自配	饲喂数量（千克）	备注

表7 消毒记录表(样式)

填表人：＿＿＿＿＿＿＿＿＿

消毒日期	消毒药名称	生产厂家	消毒场所	配制浓度	消毒方式	操作者

表8 诊疗记录表(样式)

填表人：＿＿＿＿＿＿＿＿＿

发病日期	发病动物栋、栏号	发病群体头(只)数	发病数	发病动物日龄	病名或病因	处理方法	用药名称	用药方法	诊疗结果	兽医签名

表9 防疫(抗体)监测记录表(样式)

填表人：＿＿＿＿＿＿＿＿＿

采样日期	栋、栏号	监测群体头(只)数	采样数量	监测项目	监测单位	监测方法	监测结果	处理情况	备注

表10　病、残、死亡动物处理记录表（样式）

填表人：＿＿＿＿＿＿＿＿

处理日期	栋、栏号	动物日龄	淘汰数（头、只）	死亡数（头、只）	病、残、死亡主要原因	处理方法	处理人	兽医签名

表11　引种记录表（样式）

填表人：＿＿＿＿＿＿＿＿

进场日期	品种	引种数量（头、只）	供种（畜禽）场或哺坊	检疫证编号	隔离时间	并群日期	兽医签名

表12　生产记录表（按日或变动记录）（样式）

填表人：＿＿＿＿＿＿＿＿

日期	栋、栏号	变动情况（头、只）				存栏数（头、只）	备注
		出生数	调入数	调出数	死、淘数		

表13　出场销售和检疫情况记录表（样式）

填表人：＿＿＿＿＿＿＿＿＿＿

出场日期	品种	栋、栏号	数量（头、只）	出售动物日龄	销往地点及货主	检疫情况			曾使用的有停药期要求的药物		经办人
						合格头数	检疫证号	检疫员	药物名称	停药时动物日龄	

第六章　农产品质量安全检测

第一节　生产环节农产品质量安全检测

一、检测工作的作用与意义

农产品质量安全的一个重要部分是安全监测，它包括农产品质量安全风险监测和农产品质量安全监督抽查。

农产品质量安全风险监测，是指为了掌握农产品质量安全状况和开展农产品质量安全风险评估，系统和持续地对影响农产品质量安全的有害因素进行检验、分析和评价的活动，包括农产品质量安全例行监测、普查和专项监测等内容。

农产品质量安全监督抽查，是指为了监督农产品质量安全，依法对生产中或市场上销售的农产品进行抽样检测的活动。

农产品质量安全检测是农产品质量安全极为重要的一个环节，它是农产品生产领域的出口关，也是农产品进入流通领域的入门关，能把好这一关，就能有效加强农产品质量安全管理，最大程度地减少不合格农产品流入市场，保障消费者的身体健康；同时强化农产品质量安全检测，既能加强生产者的自律，也能对违法制假行为形成有力的震慑，有利于形成农产品标准化生产的良好社会氛围；切实掌握当时当地农产品质量安全状况，有利于地方政府及时排查风险隐患，全面做好农产品质量安全监管工作，保障现代农业健康发展。

二、农产品质量安全检测管理体系

我国在较短时期内建成了以部级中心为龙头、省级中心为骨干、地市级质检中心为支撑、县级质检站为基础、乡镇监测点为延伸的农产品质量安全检验检测体系。

农业部根据农产品质量安全风险评估、农产品质量安全监督管理等工作需要，制定全国农产品质量安全监测计划并组织实施。同时，由农业部统一管理全国农产品质量安全监测数据和信息，由专门机构建立国家农产品质量安全监测数据库和信息管理平台，承担全国农产品质量安全监测数据和信息的采集、整理、综合分析、结果上报等工作。

地方各级（省、市、县）农业部门根据全国农产品质量安全监测计划和本行政区域的实际情况，制定本级农产品质量安全监测计划并组织实施，加强农产品质量安全检测机构建设，提升其检测能力，负责管理本行政区域内的农产品质量安全监测数据和信息。

从事农产品质量安全检测的机构，必须具备相应的检测条件和能力，由省级以上人民政府农业行政主管部门或者其授权的部门考核合格。农产品质量安全检测机构应当依法经计量认证合格。

三、农产品质量安全检测工作的分工

（一）风险监测

省级以上农业部门应当根据农产品质量安全风险监测工作的需要，制定并实施农产品质量安全风险监测网络建设规划，建立健全农产品质量安全风险监测网络。

县级以上农业部门根据监测计划向承担农产品质量安全监测工作的机构下达工作任务。接受任务的机构应当根据农产品质量安全监测计划编制工作方案，并报下达监测任务的农业行政主管部门备案。工作方案包括监测任务分工、各机构承担的具体监测内容、样品的封装、传递及保存条件、任务下达部门指定的抽样方法、检测方法及判定依据和监测完成时间及结果报送日期。

县级以上农业部门应当定期开展农产品质量安全风险监测，并根据农产品质量安全监管需要，随时开展专项风险监测；同时，也可以根据农产品质量安全风险隐患分布及变化情况，适时调整监测的品种、区域、参数和频率。

县级以上农业部门在对农产品质量安全风险监测时应当按照公布的标准方法进行检测。没有标准方法的可以采用非标准方法，但应当遵循先进技术手段与成熟技术相结合的原则，并经方法学研究确认和专家组认定。

承担农产品质量安全监测任务的机构应当按要求向下达任务的农业行政主管部门报送监测数据和分析结果。

县级以上农业部门应当及时向上级农业部门报送监测数据和分析结果，并向同级食品安全委员会办公室、卫生行政、质量监督、工商行政管理、食品药品监督管理等有关部门通报。并按照法定权限和程序发布农产品质量安全监测结果及相关信息。

省级以上农业部门应当建立风险监测形势会商制度，对风险监测结果进行会商分析，查找问题原因，研究监管措施。

农业部及时向国务院食品安全委员会办公室和卫生行政、质量监督、工商行政管理、食品药品监督管理等有关部门及各省级农业部门通报监测结果。

（二）监督抽查

县级以上农业部门应重点针对农产品质量安全风险监测结果和农产品质量安全监管中发现的突出问题，及时开展农产品质量安全监督抽查工作。

抽样工作由当地农业部门或其执法机构负责，检测工作由农产品质量安全检测机构负责。检测机构根据需要可以协助实施抽样和样品预处理等工作。采用快速检测方法实施监督抽查的除外。

在抽样前，抽样人员应当向被抽查人出示执法证件或工作证件。具有执法证件的抽样人员不得少于两名。并严格按照抽样程序进行抽样。

检测机构接收样品，应当检查、记录样品的外观、状态、封条有无破损及其他可能对检测结果或者综合判定产生影响的情况，并确认样品与抽样单的记录是否相符，对检测和备份样品分别加贴相应标识后入库。必要时，在不影响样品检测结果的情况下，可以对检测样品分装或者重新包装编号。

检测机构应当按照任务下达部门指定的方法和判定依据进行检测与判定。采用快速检测方法检测的，应当遵守相关操作规范。

检测机构应当将检测结果及时报送下达任务的农业部门。检测结果不合格的，应当在确认后24小时内将检测报告报送下达任务的农业部门和抽查地农业部门，抽查地农业部门应当及时书面通知被抽查人。

对于检测结果有不同意见的，可以申请复检，复检由农业部门指定具有资质的检测机构承担。

县级以上农业部门对抽检不合格的农产品，应当及时依法查处，或依法移交有关部门查处。

四、检测工作的重点

从近几年监测和暴露出的问题看，检测工作的重点有以下几类。

（1）农兽药残留超标，重点是蔬菜限用高毒农药超标和畜禽产品滥用抗生素问题，主要与病虫害频发重发、低毒药物见效慢、生产经营者不合理使用有关。

（2）非法添加有毒有害物质，包括生鲜乳三聚氰胺、生猪"瘦肉精"、饲料添加禁用药物、水产品孔雀石绿等。

（3）产地重金属污染，大多数是由环境污染长期积累形成的。

（4）假劣农资，突出的是假种子、假农药、假兽药、假化肥问题。

（5）畜禽屠宰，重点是私屠滥宰、屠宰病死畜禽、注水、非法添加有毒有害物质等违法行为。

第二节　流通环节农产品质量安全检测

一、农产品批发市场的质量检测

《农产品质量安全法》第三十七条规定，农产品批发市场应当设立或者委托农产品质量安全检测机构，对进场销售的农产品质量安全状况进行抽查检测；发现不符合农产品质量安全标准的，应当要求销售者立即停止销售，并向农业行政主管部门报告。农产品销售企业对其销售的农产品，应当建立健全进货检查验收制度；经查验不符合农产品质量安全标准的，不得销售。

农产品批发市场首先要根据进货检查验收制度对进场产品进行检验，包括对购进的产品质量及相关的标记、标识、证明、记录等进行检查，对符合合同约定的予以验收。查验制度内容包括验明产品证明和验明其他标识等。并对无有效质量证明文件的产品进行检测，检测结果及时公示。

批发市场对所销售的农产品进行检测，可以由自己建立的内部检测机构进行，也可以委托社会其他的质量安全检测机构进行，或者是采用自检与委托检验相结合的方法；检验机构是否须取得法定资质由批发市场自行决定，但检测规则和方法必须符合国家有关规定。需要注意的是，强制性要求进行农产品质量安全检测的，仅限于农产品批发市场，对于农民通过其他渠道自主销售不做硬性规定。

检测项目包括以下内容。

（1）蔬菜、水果的检测。蔬菜、水果检测应至少配备有机磷和氨基甲酸酯类农药残留含量的快速检测仪器。食用菌检测还应配备荧光增白剂的检测设备。其他检测项目可以根据市场质量管理的需要委托具有法定资质的检测机构进行检测。

（2）肉、禽蛋的检测。肉类产品检测应至少配备快速检测肉内水分含量和盐酸克伦特罗的检测仪器。其他检测项目可以根据市场质量管理的需要委托具有法定资质的检测机构进行检测。

（3）水产品。鲜活水产品、冰鲜水产品检测应至少配备快速检测抗生素、甲醛、双氧水、孔雀石绿的检测仪器。对于农兽药残留市场应定期或不定期的进行检测。其他检测项目可以根据市场质量管理的需要委托具有法定资质的检测机构进行检测。

（4）粮油产品。粮油等产品检测应配备快速检测黄曲霉毒素、有机磷类农药残留、酸价、过氧化氢、甲醛、次硫酸氢钠等的速测仪器。各类初加工的产品（如粉丝）应至少配备快速检测吊白块或二氧化硫的试剂设备。其他检测项目可以根据市场质量管理的需要委托具有法定资质的检测机构进行检测。

（5）调味品。调味品检测应至少配备检测有机磷类农药残留、苏丹红等的速测仪。其他检测项目可以根据市场质量管理的需要委托具有法定资质的检测机构进行检测。

（6）茶叶。茶叶检测应至少配备检测有机磷类农药残留的速测仪。其他检测项目可以根据市场质量管理的需要委托具有法定资质的检测机构进行检测。

其他产品的检测项目应符合相关的法律法规或标准的要求。

市场应及时公示检测产品的经销商、产地、产品数量、检测结果等信息。

农产品批发市场一旦发现不符合质量安全标准的农产品，必须立即采取措施停止销售，并向农业部门报告，防止不安全的农产品继续流入流通环节，流入消费市场，危害消费者健康。农业部门在接到批发市场有关不符合农产品质量安全标准的事件报告后，应当在规定时间内予以处理，否则视为渎职。

二、农贸市场的质量检测

农贸市场首先要从进货渠道上对农产品进行管理，各类农产品均应从有相应资质的批发市场、农产品基地或生产企业进货，并附产品合格证明。市场每天要核对进货商品与商品检验检疫合格证明，发现问题及时处理。

场内经营的商品出现有毒、有害、过期、变质等问题时，应及时下架封存，并报食品药品监管部门处理。

市场应根据需要配置快速检测设备，扩大检测覆盖面，提升检测效能。并对入市蔬菜、水果的有机磷类、氨基甲酸脂类农药残留等进行监测，每天抽检的农产品，不得少于12个批次，不得少于4个品种，检测涉及农药残留、二氧化硫、甲醛等8个品种。重视非农残项目的检测，加大对高危食品检测力度，如对干制腌制蔬菜二氧化硫、水产品甲醛、豆制品吊白块、腌制制品亚硝酸盐等的检测。农贸市场检测点非农残项目检测要达到总批次的30%以上，农贸市场所有检测结果，及时报送给市场监管部门，并上网向社会公示。

市场监管部门要加强农贸市场检测复核比对工作。使用检测车、检测箱对农贸市场抽检，全部以对农贸市场检测点当日检测情况复核比对的方式进行，建立和完善检测车、检测箱检测工作台账，重点加强检测不合格食品的处理程序和台账管理。详细记录检测不合格摊位、经营户、食品、数量、销毁方式、市场签字确认、拍照留存等情况。

思考题

1. 农产品质量安全检测对于农产品质量安全的意义。

2. 批发市场发现不符合质量安全的农产品应采取哪些措施？

第七章　农产品质量安全品牌认证

我国在推进农产品质量安全工作中，十分注重农产品品牌的建设。无公害农产品、绿色食品、有机食品、农产品地理标志是政府主导的安全优质农产品公共品牌，简称"三品一标"。"三品一标"拥有一定规模的标准化种植场、畜禽标准化养殖场、水产健康养殖场等生产基地，产地环境符合国家标准；生产的食用农产品有产品标准，生产过程有完整的记录和完善的质量控制体系；产品包装有可追溯信息。以上特点能有力地保障农产品质量安全，消费者可放心食用。

第一节　无公害农产品

一、无公害农产品概念

无公害农产品是指产地环境、生产过程和产品质量符合国家有关标准和规范的要求，经认证合格获得认证证书并允许使用无公害农产品标志（图7-1）的未经加工或者初加工的食用农产品。

二、无公害农产品应具备的条件

（一）符合标准的产地环境

无公害农产品产地应具有良好农业生态环境，达到空气清新、水质清净、土壤未受污染的标准。周围及水源上游或产地上风向的一定范围内不应有对产地环境造成污染的污染源，尽量避开工业区和交通要道，并与交通要道保持100米以上的距离，以防农业环境遭受工业"三废"、农业废弃物、医疗废弃物、城市垃圾和生活污水等的污染。产地生产两种以上农产品且分别申报无公害农产品产地的，其产地环境条件应同时符合相应的无公害农产品产地环境条件的要求。

（二）规范的生产过程

（1）管理制度。无公害农产品产地应能满足无公害农产品生产的组织管理机构和相应的技术、管理人员，并建立无公害农产品生产管理制度，明确岗位、职责。

（2）生产规程。无公害农产品产地的生产过程控制应参照相应标准，制定详细的生产质量控制措施和生产技术规程，生产质量控制包括组织、技术、自控、产地环境保护等措施。

（3）农业投入品使用。按无公害农产品生产技术规程要求，使用农业投入品（农药、兽药、肥料、饲料、饲料添加剂、生物制剂等），实施农（兽）药停（休）药期制度。严禁使用国家禁用、淘汰的农业投入品。

（4）动植物病虫害监测。无公害农产品产地，应定期开展动植物病虫害监测，建立植物病虫害监测报告档案，按《中华人民共和国动物防疫法》要求实施动物免疫、消毒程序。

（5）生产记录档案。包括生产者、种养品种、农业投入品使用记录

［使用方式、时间、浓度和停（休）药期］、农事操作、收获销售等信息。

（三）其他

产品以及产品的包装、储运符合无公害农产品标准。

三、无公害农产品特点

（一）安全性

无公害农产品在生产中采取全程监控，产前、产中、产后3个环节严格把关，发现问题及时处理、纠正；实行综合检测，保证各项指标符合标准；实行归口专项管理，对基地环境质量进行不断监测；实行抽查、复查和标志有限期管理等一系列措施，有效地保证了农产品的安全性。

（二）优质性

由于无公害农产品在初级产品生产阶段严格控制化肥、农药用量，禁用高毒高残留农药，提倡使用生物肥药及具有环保认证标志肥药及有机肥，严格控制农用水质，在食品加工过程中，无有毒、有害添加成分，生产的食品无异味、色泽鲜艳、品质好。

（三）较高附加值

无公害农产品是经过省级农业部门无公害农产品产地认定和农业部产品质量安全中心认证的，在国内具有较大影响力，价格较高于同类产品。

四、无公害农产品标志的作用及其意义

无公害农产品标志图案，主要由麦穗、对勾和无公害农产品字样组成，麦穗代表农产品，对勾表示合格，金色寓意成熟和丰收，绿色象征环保和安全。

无公害农产品标志是由农业部和国家认监委联合制定并发布，所有获证产品以"无公害农产品"称谓进入市场流通，均需在产品或产品包装上加贴标志。

图7-1　无公害农产品标志

五、无公害农产品申请和认证程序

无公害农产品认证分产地认定和产品认证，省级农业部门负责产地认定工作，农业部农产品质量安全中心承担产品认证工作。产地认定是产品认证的前提。

（一）申请

农产品生产者准备好产地认定和产品认证的有关资料，提交给所在市、县级无公害农产品工作机构。

（二）初审

经县、市两级无公害农产品工作机构分别进行形式和符合性审查后，符合要求的报省级工作机构，不符合要求的书面告知申请人。

（三）产地认定

由省级农业部门组织完成无公害农产品产地认定（包括产地环境监测），并颁发《无公害农产品产地认定证书》。

（四）产品认证初审

省级无公害农产品工作机构审查《无公害农产品认证申请书》材料是否齐全、完整，核实材料内容是否真实、准确，生产过程是否有禁用农业投入品使用和投入品使用不规范的行为；无公害农产品在定点检测机构进行抽样、检测。

（五）产品认证复审

农业部农产品质量安全中心所属专业认证分中心，对省级工作机构提交的初审情况和相关申请资料进行复查，对生产过程控制措施的可行性、生产记录档案和产品《检验报告》的符合性进行审查。

（六）产品认证终审

农业部农产品质量安全中心根据专业认证分中心审查情况再次进行形式审查，符合要求的组织召开"认证评审专家会"进行最终评审。

（七）产品认证公告

农业部农产品质量安全中心，颁发无公害农产品证书、核发无公害农产品标志，并报农业部和国家认监委联合公告。

六、无公害农产品标识的防伪及查询功能

标识除采用传统静态防伪技术外，还具有防伪数码查询功能的动态防伪技术。刮开标识的表面涂层或在标识的揭露层可以看到 16 位

防伪数码，通过手机或计算机输入 16 位防伪数码查询，不但能辨别标识的真伪，而且能了解到使用该标识的单位、产品、品牌及认证部门的相关信息。在无公害农产品证书的有效期内均可查询，查询方式有两种：

（一）短信查询

中国移动、中国联通、中国电信用户，可将 16 位防伪数码以短信方式从左至右依次输入手机，发送到 1066958878，约 3 秒钟，手机会收到以下回复信息：

您所查询的是 ×× 公司（企业）生产的 ×× 牌 ×× 产品，已通过农业部农产品质量安全中心的无公害农产品认证，是全国统一的无公害农产品标志。

（二）通过网络查询

点击《中国农产品质量安全网》（http://www.aqsc.gov.cn）的"防伪查询"栏目，在防伪码填写框输入 16 位防伪数码，确认无误后按"查询"键，即可迅速得到查询结果。

七、无公害农产品证书的有效期限

无公害农产品证书的有效期为 3 年，如期满后需要继续使用的，则由证书持有人在到期前 3 个月办理产品复查换证手续。未办理产品复查换证或未通过产品复查换证手续的，原无公害农产品证书自动失效，停止使用无公害农产品标志。

无公害农产品产地认定和产品认证机构，无论在首次认定或认证中还是在复查换证中都不收取费用。

第二节　绿色食品

一、绿色食品的概念

（一）概念

绿色食品是指产自优良生态环境、按照绿色食品标准生产、实行全程质量控制并获得绿色食品标志使用权的安全、优质食用农产品及相关产品。

（二）绿色食品与普通食品的区别

绿色食品强调其产品出自优良生态环境，从原料产地的生态环境入手，通过对原料产地及其周围的生态环境因子严格监测，判定其是否具备生产绿色食品的基础条件，而不是简单地禁止生产过程中化学物质的使用。

绿色食品对产品实行全程质量控制，实行"从土地到餐桌"全程质量控制，而不是简单地对最终产品的有害成分含量和卫生指标进行测定，从而在农业和食品生产领域树立了全新的质量观。

绿色食品对产品依法实行标志管理，政府授权专门机构管理绿色食品标志，将技术手段和法律手段有机结合起来，在生产组织和管理上更为规范化。中国绿色食品发展中心是开展绿色食品认证的专门机构，负责全国绿色食品标志使用申请的审查、颁证和颁证后跟踪检查工作。省级农业部门所属绿色食品工作机构负责本行政区域绿色食品标志使用申请的受理、初审和颁证后跟踪检查工作。

二、绿色食品标志

绿色食品标志由3部分构成，即上方的太阳、下方的叶片和中心的蓓蕾（图7-2）。标志为正圆形，意为保护、安全。整个图形描绘了一幅明媚阳光照耀下的和谐生机，告诉人们绿色食品是出自纯净、良好生态环境的安全无污染食品，能给人们带来蓬勃的生命力。绿色食品标志还提醒人们要保护环境，通过改善人与环境的关系，创造自然界新的和谐。

图7-2　绿色食品标志

绿色食品商标是中国绿色食品发展中心在国家工商行政管理总局商标局正式注册的证明商标，用以标识安全、优质的绿色食品。在国家工商行政管理总局商标局注册的绿色食品商标有4种形式，见图7-3。

图7-3　绿色食品商标

证明商标与一般商标不同。证明商标是一种专为证明商品原产地、原料、制造方法其特定品质的商标。同时，证明商标的注册人不使用该商标，而是根据所规定的条件，批准申请使用该商标的企业使用。

因此，绿色食品标志作为质量证明商标，其注册人——中国绿色食品发展中心不使用商标，只有转让和许可权，许可在符合绿色食品标准的产品上使用绿色食品标志。

绿色食品标志作为一种特定的产品质量的证明商标，其商标专用权受《中华人民共和国商标法》保护。

为了区别于普通食品，绿色食品实行标志管理。对绿色食品产品实行统一、规范的标志管理，不仅使生产行为纳入了技术和法律监控的轨道，而且使生产者明确了自身对他人的权益和责任，同时也有利于企业争创名牌，树立名牌商标保护意识，提高企业和产品的社会知名度和市场竞争力。

三、绿色食品认证程序

依据《绿色食品标志管理办法》，凡具有绿色食品生产条件的国内企业均可按程序申请绿色食品认证。认证程序如图 7-4。

（一）认证申请

申请人向中国绿色食品发展中心（以下简称中心）及其所在省级绿色食品办公室（以下简称省绿办）领取《绿色食品标志使用申请书》《企业及生产情况调查表》及有关资料，或从中心网站（www.greenfood.org.cn）下载。申请人将上述表格填写后与有关材料一并提交省绿办。

（二）文件审核（文审）

省绿办收到上述申请材料后，组织检查员对申请材料进行审查。

（三）现场检查、产品抽样

文审合格后，省绿办委派相应专业的检查员赴申请企业进行现场

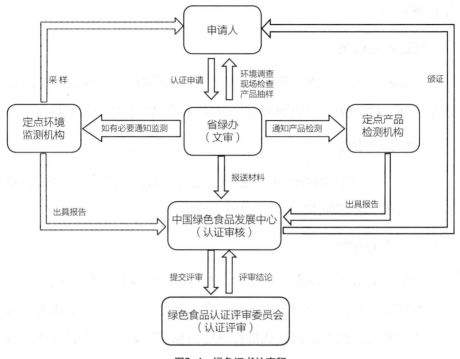

图7-4 绿色证书认定程

检查。检查员根据有关技术规范对申请认证产品的产地环境（根据《绿色食品 产地环境技术条件》）、生产过程投入品使用（根据《绿色食品 农药使用准则》《绿色食品 肥料使用准则》《绿色食品 食品添加剂使用准则》《绿色食品 饲料和饲料添加剂使用准则》《绿色食品 兽药使用准则》《绿色食品 渔药使用准则》等生产技术标准）、全程质量控制体系等有关项目进行逐项检查，按照收集或发现的有关记录、事实或信息，填写评估报告，并当场进行产品抽样。

（四）环境监测

经检查员现场检查，需要进行环境监测的，由省绿办委托绿色食品定点环境监测机构根据《绿色食品 产地环境技术条件》对申请认证产品的产地环境（大气、土壤、水）进行监测，并出具产地环境质量监测报告。

（五）产品检测

产品抽样后，绿色食品定点产品监测机构依据绿色食品各类产品质量标准，对抽取样品进行检测并出具绿色食品产品质量检测报告。

（六）认证审核

中心认证部门对申请材料和检查员现场检查报告、产地环境质量监测报告、产品质量检测报告等相关材料进行综合审查。

（七）认证评审

绿色食品认证评审委员会对申请材料及中心认证部门审核意见进行全面评审，并做出评审意见。绿色食品认证评审委员会是绿色食品认证的技术支持机构，根据认证评审任务量和认证工作的时效性，适时组织认证评审。

（八）颁证

认证合格的申请人与中心签订《绿色食品标志商标使用许可合同》。中心颁发证书并进行公告。

通过绿色食品认证的产品可以使用统一格式的绿色食品标志，有效期为3年，期满后，生产企业必须重新提出认证申请，获得通过才可以继续使用该标志。

四、绿色食品的生产标准和基地建设

（一）生产标准

绿色食品是按照一整套绿色食品标准生产的，绿色食品标准比相应的食品国家标准或行业标准更严，这反映在两个方面。第一，它规定了更多的食品安全项目，如农药残留、兽药残留、污染物（包括重金属）、食品添加剂、微生物及其代谢毒素、掺假物质以及生产过程中产生的有害物质等。第二，标准中规定的指标值更为严格，质量品质指标都达到优质产品要求，卫生安全指标的限量规定更低，许多项目规定为"不得检出"，保证了绿色食品的优质、安全特点。绿色食品标准的水平已达到世界发达国家标准的水平，且超过了联合国食品法典委员会规定的标准。

（二）基地建设

与一般的农产品生产基地建设相比，绿色食品基地建设有3个显著特点。

（1）以提升产品安全优质水平为核心。保证产品原料质量安全符合绿色食品标准要求，是加工产品企业通过绿色食品认证的必备条件之一。这就要求，绿色食品基地建设必须以保证种植业、畜牧业、渔业产品质量安全水平为核心，同时立足绿色食品的精品定位，提高初级产品的内在品质，从而实现原料生产与产品认证、基地建设与龙头企业的有效对接。

（2）以落实全程标准化生产为主线。创建绿色食品生产基地，将标准化繁为简，转化为区域性生产操作规程，促进广大农民优选品种、合理施肥、科学用药，提高标准化生产能力和水平。同时，在具有一定规模的种植区域或养殖场所，推行"环境有监测、操作有规程、生产有记录、产品有检验、上市有标识"的全程标准化生产，扩大绿色食品基地建设在农业标准化中的示范带动作用。

（3）以发挥整体品牌效应为关键。品牌是绿色食品的核心竞争力，落实标准化生产是确保绿色食品品牌公信力和美誉度的基础。绿色食品基地建设，把标准化与品牌化有机地结合起来，通过标准化解决质量安全问题，通过品牌化，体现标准化生产的价值，实现优质优价。发挥整体品牌效应，既是绿色食品基地建设的突出优势所在，也是企业和农户共同创建绿色食品基地的内在动力。

五、绿色食品标志使用规范

（一）获得绿色食品标志使用权的企业，应尽快使用绿色食品标志

绿色食品标志是中国绿色食品发展中心在国家工商行政管理局商标局注册的质量证明商标。作为商标的一种，该标志具有商标的普遍特点，只有使用才会产生价值。因而，企业应尽快使用绿色食品标志。

（二）绿色食品产品标签、包装必须符合要求

（1）绿色食品生产企业在产品内、外包装及产品标签上使用绿色食品标志时，绿色食品标志的标准图形、标准字体、图形与字体的规范组合、标准色、编号规范必须按照《中国绿色食品商标标志设计使用规范手册》要求执行。

（2）在宣传广告中使用绿色食品标志。许可使用绿色食品标志的产品在其宣传广告中应注意规范使用绿色食品标志。

（3）绿色食品生产企业不能扩大绿色食品标志使用范围。

绿色食品标志在包装、标签上或宣传广告中使用，只能用在许可使用标志的产品上。例如：某饮料生产企业产品有苹果汁、桃汁、橙汁等，其中仅苹果汁获得了绿色食品标志使用权，则企业不能在桃汁、橙汁的包装上使用绿色食品标志。

第三节　有机食品

一、有机食品的定义

（一）有机农业

按照有机农业生产标准，在生产过程中不使用有机化学合成的肥料、农药、生长调节剂和畜禽饲料添加剂等物质，不采用基因工程技术获得的生物及其产物，而是遵循自然规律和生态学原理，采取一系列可持续发展的农业技术、协调种植业和畜牧业的关系，促进生态平衡、物种的多样性和资源的可持续利用。

（二）有机食品

有机食品是指来自有机农业生产体系，并按照这种方式生产和加工的，产品符合国际或国家有机食品要求和标准，并通过国家认证机构认证的一切农副产品及其加工品，包括粮食、蔬菜、水果、奶制品、禽畜产品、蜂蜜、水产品、调料等。

二、有机食品标志

在国内，有机食品标志是由国家环境保护总局有机食品发展中心在国家工商行政管理总局正式注册的质量证明商标。有机食品标志有白菜和羊头的图形保护，标志为正圆形，意为保护（图7-5）。

图7-5　有机食品标志

三、有机食品的认证

（一）有机食品认证的含义

有机食品认证就是指经认证机构依据相关要求认证，以认证证书的形式予以确认的某一生产、加工或销售体系，认证以过程检查为基础，包括实地检查、质量保证体系的检查和必要时对产品或环境、土壤进行抽样检测。

有机产品的生产、加工依据的是有机产品标准，而有机产品标准只规定如何控制有机产品生产、加工的全过程。因此，也就决定了有机产品的认证模式是对有机产品生产过程进行检查，通过对申请人的质量管理体系、生产过程控制体系、追踪体系以及产地、生产、加工、仓储、运输、贸易等过程进行检查来评价其是否符合有机产品标准的要求。在检查过程中检查员认为有必要时，要对生产原料、土壤、水、大气、产品等进行抽样检测。

（二）有机食品的认证分类

有机食品的认证可分为3类。

（1）有机食品生产认证。有机食品生产基地认证主要对原产品及有机加工原料进行认证。在国家标准《有机产品》生产部分（GB/T 19630.1—2005）列出了生产的认证范围，包括作物种植、食用菌栽培、野生植物采集、畜禽养殖、水产养殖、蜜蜂及蜂产品。

申请者应该有合法的土地使用权和合法的经营证明文件，有机产品生产要符合以下基本要求（要点）。

①生产基地在最近3年内未使用过农药、化肥等违禁物质；

②种子或种苗来自于自然界，未经基因工程技术改造过；

③生产基地应建立长期的土地培肥、植物保护、作物轮作和畜禽养殖计划；

④生产基地无水土流失、风蚀及其他环境问题；

⑤作物在收获、清洁、干燥、贮存和运输过程中应避免污染；

⑥从常规生产系统向有机生产转换通常需要两年以上的时间，新开荒地、撂荒地至少需经12个月的转换期才有可能获得颁证；

⑦在生产和流通过程中，必须建立严格的质量管理体系、生产过程控制体系和追踪体系，并有完整的生产和销售记录档案。

如果农场既有有机生产又有常规生产，则农场经营者应单独管理和经营用于有机生产的土地。同时必须制定将原有的常规生产土地逐步转换成全部有机生产的计划，并将计划报有机食品认证机构备案。

（2）有机食品加工认证。有机食品加工厂除了要符合国家规定的食品加工厂的一般要求外，还必须满足以下条件。

①原料必须是来自已获得有机认证的产品或野生（天然）产品；

②已获得有机认证的原料在最终产品中所占的比例不得少于95％；

③只允许使用天然的调料、色素和香料等辅助原料，禁止使用《中国有机产品标准》允许使用的以外的其他化学合成物质，不允许使用人工合成的添加剂；

④有机产品在生产、加工、储存和运输的过程中应避免污染；

⑤禁止使用基因工程生物及产物；

⑥不得过度包装，尽可能使用可回收利用或来自可再生资源的包装材料；

⑦不得在同一工厂同时加工相同品种的有机产品和常规产品，除非工厂能采取切实可行的保障措施，明确区分相同品种的有机和常规产品；

⑧同一种配料禁止同时含有有机、常规或转换成分；

⑨有机食品在生产、加工、储存和运输的过程中必须杜绝化学物质污染；

⑩加工厂在原料采购、生产、加工、包装、贮存和运输等过程中必须有完整的档案记录，包括相应的票据，并要建立跟踪审查体系。

（3）有机食品贸易认证。从事有机食品贸易的企业除要求符合常规食品贸易企业的一般要求外，还必须满足以下条件。

①具有从事有机食品的国内销售和进出口贸易的单位资质证明；

②贸易者不能同时经营相同品种的有机产品和常规产品，除非贸易者在贸易过程中采取切实可行的保障措施，能防止有机产品和常规产品混杂；

③贸易者应确保有机食品在贸易过程中（运输、贮存和销售）不受有毒有害化学物质的污染，并且全过程必须有完整的档案记录，包括相应的票据。

（三）有机食品的认证程序

（1）申请。申请人向分中心提出正式申请，提交《有机食品认证申请表》等材料，交纳申请费。分中心要求申请人按标准，建立本企业的质量管理体系、质量保证体系的技术措施和质量信息追踪及处理体系。

（2）预审并制定初步的检查计划。分中心对申请人预审合格后报送认证中心，认证中心根据分中心提供的项目情况，估算检查时间（一般需要两次检查：生产过程一次、加工一次）。认证中心根据检查时间和认证收费管理细则，制定初步检查计划和估算认证费用。

（3）签订有机食品认证检查合同。申请人确认《受理通知书》后，与认证中心签订《检查合同》。根据要求，申请人交纳相关费用的50%，以保证认证前期工作的正常开展。申请人委派内部检查员（生产、加工各1人）配合认证工作，并进一步准备相关材料。

（4）实地检查评估。全部材料审查合格以后，认证中心派出有资质的检查员，对申请人的质量管理体系、生产过程控制体系、追踪体系以及产地、生产、加工、仓储、运输、贸易等进行实地检查评估。必要时，检查员需对土壤、产品进行抽样，由申请人将样品送至指定的质检机构检测。

（5）综合审查评估意见。认证中心根据申请人提供的申请表、调查表等相关材料以及检查员的检查报告和样品检验报告等进行综合审查评估，编制颁证评估表，提出评估意见并报技术委员会审议。

（6）认证决定人员／技术委员会决议。认证决定人员对申请人的基本情况调查表、检查员的检查报告和认证中心的评估意见等材料进行全面审查，作出同意颁证、有条件颁证、有机转换颁证或拒绝颁证的决定。证书有效期为1年。

（7）有机食品标志的使用。根据证书和《有机食品标志使用管理规则》的要求，签订《有机食品标志使用许可合同》，并办理有机食品商标的使用手续。

四、有机食品、绿色食品与无公害食品的共同点和区别

目前，在我国食品市场上同时存在无公害食品、绿色食品和有机食品，它们都是优质安全的食品，有专门的生产基地，都有产品标准

并进行标准化生产。3种食品与普通食品一同构成食品金字塔，普通食品位于最底端，数量最大；无公害食品位于食品金字塔的第二层，是普通食品都应当达到的一种基本要求；绿色食品位于食品金字塔的中端，是从普通食品向有机食品发展的一种过渡产品；而有机食品位于食品金字塔的最顶端，是级别最高的食品。

有机食品与其他食品的区别具体体现在以下几个方面。

（一）概念不同

有机食品在其生产加工过程中绝对禁止使用农药、化肥、激素、化学添加剂等人工合成物质，并且不允许使用基因工程技术和离子辐射处理，采用的方式生产对环境无害，销售过程受专业认证机构全程监控，销售总量受控制的纯天然、高品味、高质量的食品。

绿色食品是我国农业部门推广的无污染、优质、营养食品，对生产环境、生产过程中农药化肥添加剂的使用方面有极其严格的限制，例如，准用的化学合成农药在作物生长期内只能使用一次，肥料中有机肥用量必须远大于化肥用量等。

无公害食品是按照相应生产技术标准生产的、符合通用卫生标准并经有关部门认定的安全食品。允许限量使用化学合成物质，对基因工程技术等未作规定。严格来讲，无公害是食品的一种基本要求，普通食品都应达到这一要求。

（二）有机食品在土地生产转型方面有严格规定

考虑到某些物质在环境中会残留相当一段时间，土地从生产其他食品到生产有机食品需要2~3年的转换期，而生产绿色食品和无公害食品则没有转换期的要求。

（三）数量要求不同

有机食品在数量上进行严格控制，有机食品的认证要求定地块、定产量，而其他食品没有如此严格的要求。

（四）认证证书的有效期不同

有机食品标志认证一次有效许可期限为1年，1年期满后可申请"保持认证"，通过检查、审核合格后方可继续使用有机食品标志。而无公害食品及绿色食品认证证书有效期为3年。

（五）标识不同

有机食品在不同的国家、不同的认证机构其标识不相同。绿色食品的标识是唯一的，绿色食品注有统一的绿色食品名称及商标标志。无公害农产品也有统一的标志。这些标识非常明显，为消费者识别不同级别的无污染的安全、优质、营养类食品增添了一双慧眼，为优质食品提供了保护伞。

（六）认证机构不同

绿色食品的认证由中国绿色食品发展中心负责全国绿色食品的统一认证和最终认证审批，各省、直辖市、自治区绿色食品办公室协助认证。无公害食品的认证由省级农业部门进行产地认证，农业部农产品质量安全中心进行产品认证。有机食品的认证由国家认证认可监督委员会批准的认证机构进行认证。

第四节 农产品地理标志

图7-6 农产品地理标志

农产品地理标志，是指标示农产品来源于特定地域，产品品质和相关特征主要取决于自然生态环境和历史人文因素，并以地域名称冠名的特有农产品标志（图7-6）。此处所称的农产品是指来源于农业的初级产品，即在农业活动中获得的植物、动物、微生物及其产品。

一、地理区域名称和地域分布图

农产品地理标志"地理区域名称"可以是行政区划和自然区域名称，也可以是特定地理位置指向性名称。

（一）行政区划名称

包括历史的和现行的市、县、乡镇等，如"安吉白茶"中的"安吉"。

（二）自然区域名称

包括山、河、湖等自然地理实体名称，如"金山翠芽"中的"金山"，"五大连池鲤鱼"中的"五大连池"等。

（三）特定地理位置指向性名称

包括具有位置指向性的桥名、井名等，如"涝河桥羊肉"中的"涝河桥"，"龙井茶"中的"龙井"。

农产品地理标志登记中地域范围主要表述的内容及规范绘制农产

品标志登记产品生产地域分布图。

农产品地理标志登记的地域范围由县级以上农业部门确认，其表述的内容包括地理标志农产品所在的具体地理位置、所辖村镇、地理经纬度、海拔高度和区域边界等。

申请人应当根据产品分布实际情况和人文历史资料，以最新版行政区划图为蓝本，合理确定和绘制申请登记产品地域分布图，分布图要做到地域完整、边界清晰。地域分布图报送所在地县级以上农业部门审核确认后，方可作为登记申请的附报材料。

二、申请农产品地理标志的农产品的条件

（1）称谓由地理区域名称和农产品通用名称构成；

（2）产品有独特的品质特性或者特定的生产方式；

（3）产品品质和特色主要取决于独特的自然生态环境和人文历史因素；

（4）产品有限定的生产区域范围；

（5）产地环境、产品质量符合国家强制性技术规范要求。

三、农产品地理标志登记的登记与评审

（一）申请人的认定

农产品地理标志登记申请人由农民专业合作经济组织、行业协会等组织担当，经县级以上地方人民政府择优确定。申请人必须具备以下条件。

（1）具有监督和管理农产品地理标志及其产品的能力；

（2）具有为地理标志农产品生产、加工、营销提供指导服务的能力；

（3）具有独立承担民事责任的能力。

农产品地理标志是集体公权的体现，企业和个人不能作为农产品地理标志登记申请人。

（二）申请所需材料

申请人向省级农业部门提出登记申请，并提交下列申请材料。

（1）登记申请书；

（2）申请人资质证明；

（3）产品典型特征特性描述和相应产品品质鉴定报告；

（4）产地环境条件、生产技术规范和产品质量安全技术规范；

（5）地域范围确定性文件和生产地域分布图；

（6）产品实物样品或者样品图片；

（7）其他必要的说明性或者证明性材料。

（三）省级农业行政主管部门初审

省级农业部门自受理农产品地理标志登记申请之日起，应当在 45 个工作日内完成申请材料的初审和现场核查，并提出初审意见。符合条件的，将申请材料和初审意见报送农业部农产品质量安全中心；不符合条件的，应当在提出初审意见之日起 10 个工作日内将相关意见和建议通知申请人。

（四）农业部农产品质量安全中心评审

农业部农产品质量安全中心应当自收到申请材料和初审意见之日起 20 个工作日内，对申请材料进行审查，提出审查意见，并组织专家评审。

专家评审工作由农产品地理标志登记评审委员会承担。专家评审委员会应当独立做出评审结论，并对评审结论负责。

经专家评审通过的，由农业部对社会公示。公示无异议的，由农业部作出登记决定并公告，颁发《中华人民共和国农产品地理标志登记证书》，公布登记产品相关技术规范和标准。

专家评审没有通过的，由农业部作出不予登记的决定，书面通知申请人，并说明理由。

农产品地理标志登记证书长期有效。

（五）农产品地理标志登记证书的变更

农产品地理标志登记证书持有人或者法定代表人发生变化，地域范围或者相应自然生态环境发生变化时，证书持有人应当及时办理变更申请。

四、农产品地理标志的使用

（一）如何申请使用农产品地理标志

符合以下条件的单位和个人，可以向登记证书持有人申请使用农产品地理标志。

（1）生产经营的农产品产自登记确定的地域范围；

（2）已取得登记农产品相关的生产经营资质；

（3）能够严格按照规定的质量技术规范组织开展生产经营活动；

（4）具有地理标志农产品市场开发经营能力。

经审查符合标志使用条件的，农产品地理标志登记证书持有人，应当按照生产经营年度与标志使用申请人签订农产品地理标志使用协议，在协议中载明使用的数量、范围及相关的责任义务。

农产品地理标志登记证书持有人不得向农产品地理标志使用人收取使用费。

（二）农产品地理标志使用人的权利和义务

（1）权利。可以在产品及其包装上使用农产品地理标志；可以使用登记的农产品地理标志进行宣传和参加展览、展示及展销。

（2）义务。自觉接受登记证书持有人的监督检查；保证地理标志农产品的品质和信誉；正确规范地使用农产品地理标志。

五、农产品地理标志的监督管理

县级以上农业部门负责农产品地理标志监督管理工作，定期对登记的地理标志农产品的地域范围、标志使用等进行监督检查。

地理标志农产品的生产经营者，应当建立质量控制管理体系和追溯体系，农产品地理标志登记证书持有人和标志使用人，对地理标志农产品的质量和信誉负责。任何单位和个人不得伪造、冒用农产品地理标志和登记证书。任何单位和个人均可对农产品地理标志进行监督。

第五节　名牌农产品认定

中国名牌农产品是指经评选认定获得"中国名牌农产品"称号、并获准使用"中国名牌农产品"标志的农产品。农业部成立中国名牌农产品推进委员会（简称名推委），负责组织领导中国名牌农产品评选认定工作，并对评选认定工作进行监督管理。

一、基本条件

（一）申请人条件

申请中国名牌农产品称号的申请人应具备如下条件。

（1）具有独立的企业法人或社团法人资格，法人注册地址在中国境内；

（2）有健全和有效运行的产品质量安全控制体系、环境保护体系，建立了产品质量追溯制度；

（3）按照标准化方式组织生产；

（4）有稳定的销售渠道和完善的售后服务；

（5）近3年内无质量安全事故。

（二）产品条件

申请"中国名牌农产品"称号的产品，应具备如下条件。

（1）符合国家有关法律法规和产业政策的规定；

（2）有独立的法人资格，并有注册商标；

（3）产品有固定的生产基地，批量生产已满3年；

（4）产品采用国际标准或国家标准、行业标准、地方标准、企业标准组织生产；

（5）产品在国内生产；

（6）产品有一定的生产规模，市场销售量、知名度居国内同类产品前列，在当地农业和农村经济中占有重要位置；

（7）有稳定的销售渠道和完善的售后服务，消费者满意程度高；

（8）建立了稳健化管理体系，有健全的质量控制体系和环境保护体系，产品质量责任可追溯；

（9）获得无公害农产品、绿色食品、有机农产品认证中的任一认证。

（三）不能申请

凡有下列情况之一者，不能申请"中国名牌农产品"称号。

（1）申请人注册地址不在国内，或使用国（境）外商标的；

（2）近3年内，产品在县及县以上各级质量安全例行监测和质量抽查中有不合格记录的；

（3）近3年内发生重大质量安全责任事故，或有重大质量投诉经查证属实的；

（4）有使用国家禁止使用的农业生产资料、原材料以及不符合质量安全要求的农业投入品记录的；

（5）生产国家产业政策和有关法律法规限制的产品的；

（6）有偷税漏税、掺杂使假、虚假广告等违反法律法规行为的；

（7）有其他不符合中国名牌农产品申请条件的。

二、评价指标

建立以市场评价和质量评价为主，兼顾效益评价和发展评价的评价指标体系。

市场评价主要体现为市场销售量和出口情况两项指标。市场销售情况反映消费者对申请产品的认可和接受程度，产品出口情况反映产品参与国际竞争的能力和程度。

质量评价主要考核被评价产品的实物质量水平和持续保持这种水平的质量保证能力。产品实物质量水平主要是与国内、国际同类产品先进水平的对比，质量保证能力反映申请人稳定保持相应质量水平、不断进行质量改进的能力，表明申请人质量管理的有效性。

效益评价重点选择生产成本费用利润率、总资产贡献率和实现利税3个指标，主要评价申请人经营业绩和管理水平。

发展评价主要考核申请人长期持续稳定发展的能力状况，包括技术开发投入水平、申请人规模水平、生产技术及装备情况3个指标。主要评价申请人的产品创新能力、技术创新能力和市场拓展能力。

三、评选认定程序

申请人向所在省级农业部门提出申请。

省级农业部门审查申请人材料，形成推荐意见，并上报到名推委办公室。申请材料包括：

（1）《中国名牌农产品申请表》；

（2）商标注册证书复印件；

（3）法人登记证明或营业执照复印件；

（4）采用标准的复印件；

（5）农业部授权的检测机构或其他通过国家计量认证的检测机构出具的有效检验报告原件，如是复印件必须加盖原检测机构公章；

（6）无公害农产品、绿色食品、有机农产品认证中的任一证书复印件；

（7）由当地税务部门提供的税收证明复印件；

（8）出口量、出口国和出口额的相应证明复印件；

（9）其他相关证书、证明复印件。

名推委办公室组织评审委员会进行评审，形成推荐名单和评审意见；名推委全体会议审查推荐名单和评审意见，并通过新闻媒体向社会公示，广泛征求意见；名推委全体会议审查公示结果，审核认定当年度中国名牌农产品名单，由农业部授予"中国名牌农产品"称号，颁发《中国名牌农产品证书》，并向社会公告。

中国名牌农产品证书的有效期为3年，有效期满要继续使用中国名牌农产品称号的，应在期满前90d重新申请。

四、监督管理

获得"中国名牌农产品"称号的申请人，在有效期内，应履行下列义务。

（1）保持产品质量稳定合格；

（2）采取各种形式，积极宣传名牌产品，向社会展示和推广质量管理经验和成果。

在有效期内，证书拥有人可以在获得中国名牌农产品称号的产品及其包装、装潢、说明书、广告宣传、展览以及其他业务活动中使用统一规定的中国名牌农产品称号，并注明有效期限。

已获得中国名牌农产品称号的申请人，有下列情形之一的，将撤销其称号。

（1）转让或扩大适用范围者；

（2）超过有效期未重新申请或重新申请未获得认定者；

（3）产品质量发生重大事故，或生产经营出现重大问题者；

（4）在评选认定过程中弄虚作假者。

各级农业部门对获得中国名牌农产品称号的申请人，进行定期、不定期的质量和信誉检查；申请人应主动配合。

对冒用、伪造"中国名牌农产品"的，应依法查处。

思考题

1."三品一标"农产品是如何保障农产品质量安全的?

2.无公害农产品认证中的产地认定与产品认证。

3.绿色食品基地建设的特点。

4.为什么说有机食品是一种高品质的食品?

5.具有地理标志农产品有哪些特点?

6.中国名牌农产品的评价指标。

第八章　农产品质量安全追溯管理

农产品质量安全追溯管理指"通过登记的识别码或信息标识，对农产品质量的安全性或行为者影响该产品质量的信息予以追踪的行为"。可追溯性是利用已记录的标识（这种标识对每一批产品都是唯一的，即标识和被追溯对象有一一对应关系，同时，这类标识已作为记录保存）、追溯产品的历史（包括用于该产品的原材料、零部件的来历）、应用情况、所处场所或类似产品或活动的能力。农产品可追溯管理或其系统的建立、数据收集应包含整个农产品生产、流通、餐饮链的全过程，涉及其始端产地到终端用户的各个环节。实行强制性的农产品"可追溯"管理是未来发展的必然，它将发挥推动农业发展和人们生活质量改善的正能量。

第一节　国内外农产品质量安全追溯管理简况

可追溯是确保农产品质量安全的有效手段。为了提高消费者对农产品质量安全的信心和农产品的品牌优势，许多国家正在或已经建立农产品供应链的追溯机制，争相发展与实施农产品标识制度和农产品追溯体系，制定相关法律，以法规的形式将可追溯纳入农产品物流体系中。在欧美的多数国家，不具有追溯功能的农产品已被禁止进入市场。他们实施农产品追溯管理，为消费者提供准确而详细的有关产品的质量安全信息。

国外实施可追溯性管理的一个重要方法是在产品上粘贴可追溯性标签或直接将产品信息印刷在包装上。可追溯性标签记载了农产品的可读性标识，通过标签中的编码可方便地到农产品数据库中查找有关农产品的详细信息。通过可追溯性标签也可帮助企业确定产品的流向，便于对产品进行追踪和管理。

我国广大消费者对建立农产品质量安全可追溯管理机制的要求十分强烈，地方人大、政协每年都有专门提案。2008年杭州市率先开展农产品质量安全追溯管理，创立"杭州模式"追溯管理机制，随后发布杭州市农业标准规范 DB 3301/T 161—2009《农产品质量安全追溯管理要求总则》、DB 3301/T 162—2009《生产领域农产品质量安全追溯管理要求》、DB 3301/T 163—2009《流通领域农产品质量安全追溯管理要求》、DB 3301/T 164—2009《餐饮（服务）领域农产品质量安全追溯管理要求》、DB 3301/T 201—2011《农产品生产领域质量安全追溯电子信息化建设规范》。《杭州市蔬菜农药残留监督管理条例》规定"生产经营蔬菜应提供追溯凭证"。

经过探索和实践，杭州全市各级农业部门与相关单位联合推进农产品质量安全追溯管理系统建设，利用物联网技术，开展对蔬菜、水果、茶叶、水产、畜禽等农产品生产环节的追溯管理，至2013年年底，杭州市建成了1个市级监管平台、13个区县（市）监管平台和240个生产基地，监管农产品生产面积182 600亩（15亩 =1hm^2，全书同），其中，蔬菜69 400亩、水果58 900亩、茶叶37 000亩、水产17 300亩；

监测到的可追溯农产品 26 263 587 千克，采集的质量安全信息达到 200 余万条。并且，杭州市农业局与贸易局、工商局联合在杭州市农贸市场开展肉菜追溯管理系统建设，推行产地标志卡应用，以实现生产与流通的追溯。并形成了三大亮点：

一是初步形成了农产品质量安全追溯管理标准体系。在初步建立农产品质量安全追溯管理标准的基础上，从肉类蔬菜入手开展示范应用，完善"杭州模式"农产品质量追溯管理制度，形成生产基地—县级管理机关—市级管理机关正向监管逆向追溯的农产品质量安全管理体系。建立了蔬菜、生猪质量安全的监管制度和技术支撑体系操作平台，并向水果、茶叶、水产五大产业推广。编制智能型农产品产地标志卡，对市区经营的蔬菜直销者发放了智能型的产地标志卡 4 000 张，从2012 年 9 月 10 日开始，在市区 146 个农贸市场推行刷卡进场销售蔬菜的制度。

二是完成了省、市两级项目建设。杭州志绿生态农业开发有限公司通过实施 DB 3301/T 201—2011《农产品生产领域质量安全追溯电子信息化建设规范》，建立了连接生产基地与终端销售点的数据库系统，使每单销售可查，并可溯源到生产过程。2012 年通过农产品质量安全追溯管理标准化项目省、市级验收。

三是成果得到应用和社会各界肯定。2013 年开始，全市建成的 7 个农产品质量安全标准乡，在乡域内全面应用生产环节的追溯管理。按"地方政府负总责，企业是第一责任人"的农产品质量安全责任意识，有针对性地按照农产品质量安全追溯管理体系的流程，实行农产品产地准出管理，可以追查相关责任人的责任。2013 年，"杭州模式"农产品质量安全追溯管理系统接受省、市领导检阅。2013 年 5 月 24 日，在浙江省人民政府主办、省农业厅承办的"中国·浙江瓜菜种业博览会"

上，省委副书记王辉忠等省领导和农业部有关司局、省有关部门负责人，以及来自全国1 000多家单位代表参观了"杭州模式"农产品质量安全追溯管理系统。在6月14—16日全省食品安全展览上，省委书记夏宝龙、省长李强等省市领导分别参观了"杭州模式"农产品质量安全追溯管理系统。《杭州日报》等多家媒体进行了报道。

2010年杭州市成为全国首批推行农产品质量安全追溯管理的试点城市，已在200多个生产基地和146个农贸市场安装追溯管理软件，目前正在"对接、提升、整合"。北京、天津、上海、宁波、绍兴等全国大中城市相继开展了农产品质量安全追溯管理，并向县乡级城镇和广大农村延伸。

由于长期以来受传统农业的影响，开展农产品质量安全追溯管理步履艰难。我国的农户小规模种养仍占主导地位，散户比重大，农产品流通量大，商情复杂，千家万户式的种养给农产品质量安全追溯管理带来巨大压力。种养水平低，消费方式不合理，农业投入品管理难度大，制约着我国在农产品质量安全追溯管理方面的推广速度。要从根本上解决此问题，提高我国农产品质量，必须建立一套科学有效的机制，从实际出发，开展电子式、包装式、书写式追溯管理，并整体向电子式、包装式方向推进。

第二节　电子式追溯管理

电子式追溯管理是以电子化信息为手段、检测合格为控制点、追溯码贯穿始终的农产品质量安全追溯管理体系，实现农产品质量电子信息的正向监控与逆向追溯，这也是具有杭州特色的追溯管理体系的重要组成部分。这种方法适用于散装的农产品，如蔬菜、水果、水产品、畜产品和茶叶等，可采用二维码（一维码）信息进行追溯，也可采用芯片信息进行追溯。

一、采用二维码（一维码）信息进行追溯

采用二维码（一维码）信息进行追溯，各地有不同的软件设计和应用，消费者可以利用自己的手机或ATM机或计算机查询。可分为3种类型：采用计算机跟踪追溯、采用耳标信息追溯和采用防伪标志进行追溯。

（一）采用计算机跟踪追溯

杭州市正在应用一套被认为杭州模式的农产品质量安全追溯管理系统，概括为"一横一直一棵树"（图8-1），"一横"是指生产、流通、餐饮3个环节无缝对接，实行正向监管、逆向追溯；"一直"指杭州市级、县（区、市）级、基地（含乡镇街道）级信息平台实行联网同步管理；"一棵树"指基地农产品准出到批发市场、农贸市场、消费者，以追溯码贯穿始终，质量检测、数量限控，环环相扣，质量安全。

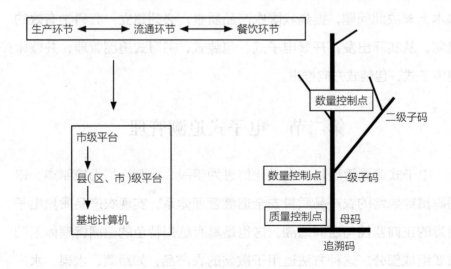

图8-1　农产品质量安全追溯管理

据此，农产品从生产、流通到消费，其质量安全信息跟随，环环相扣（图 8-2 至图 8-17）。

图8-2　生产基地蔬菜准出，采前抽样

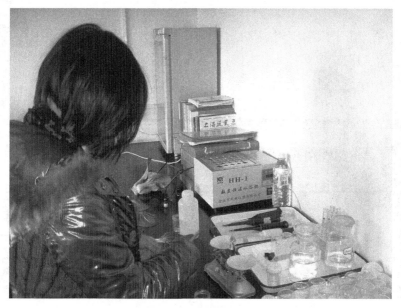

图8-3　快速检测

图8-4　检测结果信息入网

图8-5　合格蔬菜准入批发市场

图8-6　应用智能型农产品产地标志卡登记

图8-7　蔬菜经多功能电子磅秤录入信息

图8-8　质量安全信息与基地信息并网

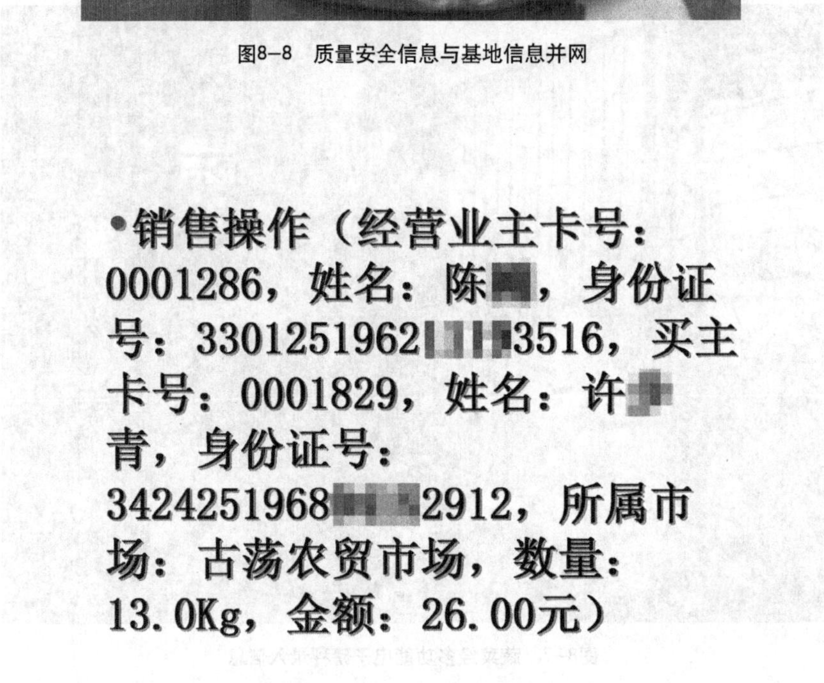

•销售操作（经营业主卡号：0001286，姓名：陈█，身份证号：3301251962████3516，买主卡号：0001829，姓名：许█青，身份证号：3424251968████2912，所属市场：古荡农贸市场，数量：13.0Kg，金额：26.00元）

图8-9　蔬菜从批市场准出

图8-10　蔬菜从农贸市场准入

图8-11　蔬菜连同追溯凭证给消费者

图8-12　蔬菜经多功能电子台秤产生追溯凭证

单位：古荡农贸市场，摊位号：0001，追溯码：A60190000007962，购买日期：2009-12-17 13:16，产品名称：小白菜，净重(kg)：0.400，单价(元/kg)：5.60，总价(元)：2.24

图8-13　打印二维码

杭州市农产品质量安全溯源

春溢蔬菜

青菜

网　　址：http://www.hz-agri.gov.cn

追溯码：01100901331408014003

0110　0901　33　140801　4003

市县编码　乡镇及企业编码　浙江省　销售日期　当日批次

1~4位代表市县编码；5~8位代表乡镇及企业编码；9~10位代表浙江省；11~16位代表销售日期；17~20位代表当日批次。

图8-15　应用二维码在ATM机查询

图8-16　应用二维码在装有专门软件的手机查询

图8-17　在手机查询结果（模拟）

（二）采用耳标信息追溯

目前，主要用在生猪质量安全追溯管理上。给生猪戴上装有质量安全信息的耳标，与计算机联网，以查询质量安全信息。目前，正在与杭州模式追溯系统对接，形成统一管理机制。

将每个动物的耳号与其品种、来源、生产过程、免疫状况、健康状况、畜主等信息一并管理起来，一旦发生疫情和畜产品质量等问题，即可追踪（追溯）其来源，分清责任，堵塞漏洞。

电子耳标管理系统是对数量众多的牲畜做到明确的识别和详细管理的有效工具。通过该系统的使用，可使各级行政主管部门、各级政府、农业部和国务院及时掌握疫情、畜产品动态，及时发现隐患，迅速采取相应控制措施，保证安全生产。目前，正在建立一个养殖—加工—流通—消费—监测全程自动追溯体系。利用数据库技术、网络技术、分布式计算等技术，建立生猪生产质量安全与追溯中心数据库，实现信息的融合、查询、监控，为每一环节提供针对生猪质量安全性、肉类成分来源的数据，实现质量安全。生猪生产质量安全追溯综合信息系统、养殖场信息管理系统、运输屠宰信息记录系统、分割加工及消费信息管理系统、质量安全查询追溯系统对接后，生猪个体将通过电子耳标进行标识，每个电子耳标将唯一标识一头生猪，记录生猪的个体信息（父母系、品种品系、出生日期、出栏日期）、用药记录、检疫信息、销售信息等，并将信息提供给追溯与安全监管平台，生猪被运达屠宰厂后，系统将通过识读每个生猪个体的电子耳标来确认生猪个体，并记录追溯相关的信息。对于每一份分割品，销售人员都要将电子耳标上的相应防伪码及条码赋予其包装上标识作用的追溯码。此追溯码会同分割包装一起交到消费者手上（图 8-18 至图 8-21）。

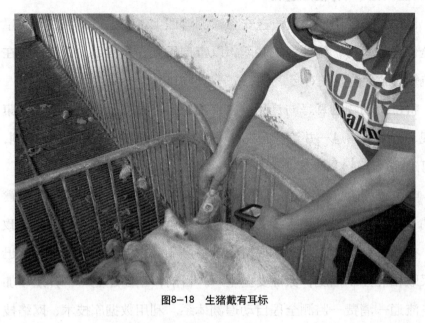

图8-18　生猪戴有耳标

图8-19　验证耳标信息

图8-20　录入信息

图8-21　入网查询

（三）采用防伪标志追溯

在包装上粘贴防伪标志（含一维码），在专用设备如 ATM机可查询其产品质量安全信息，实现追溯管理（图 8-22）。

图8-22 粘贴防伪标志

二、采用芯片信息进行追溯

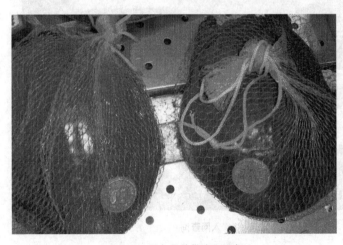

图8-23 甲鱼吊牌带追溯信息

目前，主要用在甲鱼、湖蟹质量安全的追溯管理上。甲鱼、湖蟹等吊有安装质量安全信息芯片的塑料牌，应用电子专用设备（一般在生产企业）通过此吊牌查到其质量安全信息，以达到追溯管理目的（图8-23、图8-24）。

图8-24　湖蟹吊牌带追溯信息

第三节　包装式追溯管理

　　包装式追溯管理是用纸质、塑料包装，塑料带捆扎等，产品信息印刷在包装上，以达到溯源目的。适用于经包装、捆扎的各种农产品（图8-25至图8-33）。

图8-25　龙井茶包装纸箱和铁罐上印有可追溯信息

图8-26　农产品包装纸箱印有可追溯信息

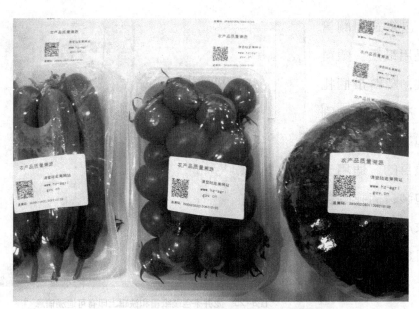

图8-27　番茄、南瓜、黄瓜塑料包装袋印有可追溯信息

图8-28 甘薯塑料包装袋印有可追溯信息

图8-29 装番茄或甜椒塑料袋（盒）印有可追溯信息

图8-30　装马铃薯塑料盒和塑料薄膜包装甘蓝印有可追溯信息

图8-31　装草莓塑料盒印有可追溯信息

图8-32　装鸡蛋塑料盒印有可追溯信息

图8-33　捆扎大白菜带印有可追溯信息

第四节　书写式追溯管理

利用纸质材料，用手工书写的方式传递产品信息，实现可追溯。这种方法是在没有电脑或电子信息系统的情况下使用，其优点是简便，缺点是纸质材料易破损甚至字迹不清。

首先，实行产地证明制度。产品出场有产地证明，写明业主、产地、产品合格性、出品时间、销售去向等可追溯信息（图 8-34）。一般情况下，产地准出证明由生产者出具。

××区、县（市）农产品产地准出证明

发证日期：_____年_____月_____日　　编号：_____

产地：_____乡镇（街道、库区）_____村（社区）

生产者：_____　　电话：_____

产品名称：_____数量：_____收获日期：_____

质量安全状况：_____运销商：_____电话：_____

　　　　　　　　证明出具单位（盖章）：_____

　　　　　　　　经办人签字：_____

说明：①产地准出证明的基本联次为二联，第一联为正本联，开证方留存备查，并作为验旧换新的依据；第二联为副本联，作为市场准入凭证；②在出具产地准出证明时，必须做到按编号顺序填开，填写项目使用全称，内容真实，字迹清楚，全部联次一次复写或打印，内容完全一致，并在副本联加盖出具单位印章；③"质量安全状况"指质量检测和"三品"认证等方面情况；④出具的产地准出证明应留存二年。

图8-34　农产品产地证明

在此基础上，实行"一票通"管理。产品进入市场后，经营者按产地证明信息书写"三联单"，产品在流通过程中，"三联单"跟随，直到消费者（图 8-35）。

图8-35　出具产地证明信息的"三联单"

实现追溯管理的基础是生产领域控制好农产品质量安全信息，其流程见图 8-36。

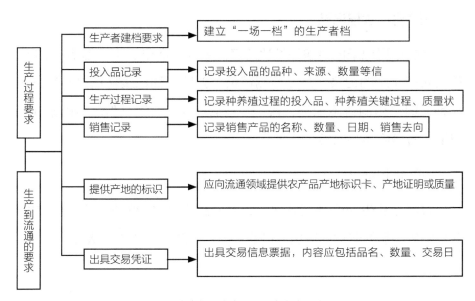

图8-36　生产领域农产品质量安全追溯的流程

第五节　农产品质量安全的追溯管理要求

一、生产环节的控制要求

（一）投入品记录

农产品生产过程的苗种、饲料、肥料、药物等投入品，在进货时，应收集进货票据，并进行登记。

（二）生产者建档

农产品生产者按"一场一档"的要求建立生产者档案。农业生产的管理部门应建立农产品生产基地和企业的档案，进行信息登记，并向登记的生产者发放"农产品产地标志卡"，内容应包括唯一性编号、基地名称或代号等信息。

（三）生产过程记录

种植过程记录内容包括种植的产品名称、数量、生产起始的时间、使用农药化肥的记录、产品检测记录。养殖过程记录包括养殖种类和品种、饲料和饲料添加剂、兽（鱼）药、防疫、病死情况、出场（栏）日期、各类检测等记录。

（四）销售记录

农产品从生产到流通领域时，农产品生产者做好销售记录。内容包括销售产品的名称、数量、日期、销售去向、相关质量状况等。

二、从生产到流通的对接要求

生产领域的农产品进入流通领域时，应向流通领域提供相关农产品产地标识卡、产地证明或质量合格证明等；交易时应向采购方提供交易信息票据，内容应包括品名、数量、交易日期、供应者登记号等信息。

三、农产品质量安全追溯管理各相关方职责

农产品生产企业是生产领域质量安全追溯管理第一责任人，进行生产质量安全的控制、农产品溯源台账的建立和管理等工作；农产品生产的管理部门负责组织生产领域农产品质量安全相关的培训、宣传；建立生产基地台账，发放相关产品产地标志。

四、实行严格的产品质量控制制度

一是农产品出场时，生产者应进行农药残留或感官的自检；农业管理部门按监督检测制度实施农产品的抽查、检测，并公布检测结果。

二是生产者发现产品不合格时，应及时采取措施，不得将不合格品进入流通销售。当销售到流通环节的农产品被确认有安全问题时，生产者应做好追溯、召回工作。

三是农业生产的管理部门应督促进行质量安全的追溯，当不合格农产品已进入流通领域，要求生产企业召回不合格产品，按溯源流程进行不合格产品的追溯。

思考题

1.简述农产品质量安全追溯管理的定义。

2.简述电子式追溯管理的类型和用途。

3.简述包装式追溯管理的用途。

4.简述生产环节农产品质量安全追溯的控制要求。

第九章　政策法规及相关案例剖析

第一节　农产品质量安全法

一、《农产品质量安全法》解读

第十届全国人大常委会第二十一次会议于2006年4月29日审议通过了《中华人民共和国农产品质量安全法》（后简称《农产品质量安全法》），于2006年11月1日起施行。

（一）制定农产品质量安全法的目的

农产品质量安全，是指农产品的质量符合保障人的健康、安全的要求。农产品的质量安全状况如何，直接关系着人民群众的身体健康乃至生命安全。"民以食为天，食以安为先"。不但要保证老百姓吃得饱，还要保证老百姓吃得安全、吃得放心，这是坚持以人为本、对人民高度负责的体现。为了从源头上保障农产品质量安全，维护公众的身体健康，促进农业和农村经济的发展，制定出台了农产品质量安全法。

（二）农产品质量安全法规定的基本制度

《农产品质量安全法》从我国农业生产的实际出发，遵循农产品质量安全管理的客观规律，针对保障农产品质量安全的主要环节和关键点，确立了7个基本制度：

（1）由县级以上地方人民政府统一领导，遵循地方政府的属地化管理责任，县级以上农业部门依法监管，其他县级以上有关部门分工协调本行政区域内的农产品质量安全工作。

（2）农产品质量安全标准的强制实施制度。政府有关部门应当按照保障农产品质量安全的要求，依法制定和发布农产品质量安全标准并监督实施；不符合农产品质量安全标准的农产品，禁止销售。

（3）农产品产地管理制度。

（4）农产品的包装和标识管理制度。

（5）农产品质量安全监督检查制度。

（6）农产品质量安全的风险分析、评估制度和农产品质量安全的信息发布制度。

（7）对农产品质量安全违法行为的责任追究制度。

（三）《农产品质量安全法》对农产品产地管理的规定

农产品产地环境对农产品质量安全具有直接、重大的影响。抓好农产品产地管理，是保障农产品质量安全的前提。《农产品质量安全法》规定，县级以上政府应当加强农产品产地管理，改善农产品生产条件。禁止违反法律、法规的规定向农产品产地排放或者倾倒废水、废气、固体废弃物或者其他有毒有害物质；禁止在有毒有害物质超过规定标准的区域生产、捕捞、采集农产品和建立农产品生产基地。

（四）农产品生产者在生产过程中应当保障农产品质量安全的规定

生产过程是影响农产品质量安全的关键环节，法律体现了农产品生产者是质量安全第一责任人，做了如下规定。

（1）禁止生产、销售不符合国家规定的农产品质量安全标准的农产品（第二十六条）。

（2）禁止在有毒有害物质超过规定标准的区域生产、捕捞、采集食用农产品和建立农产品生产基地（第十七条）。

（3）禁止违反法律、法规的规定向农产品产地排放或者倾倒废水、废气、固体废弃物或者其他有毒有害物质（第十八条）。

（4）禁止伪造农产品生产记录（第二十四条）。

（5）禁止在农产品生产过程中使用国家明令禁止使用的农业投入品（第二十五条）。

（6）禁止冒用农产品"三品一标"质量标志（第三十二条）。

（五）《农产品质量安全法》对农产品的包装和标识的要求

建立农产品的包装和标识制度，对于方便消费者识别农产品质量安全状况、建立农产品质量安全追溯制度都具有重要作用。《农产品质量安全法》对于农产品包装和标识的规定如下。

（1）包装上市的农产品，应当在包装上标注或者附加标识，标明品名、产地、生产者、生产日期、保质期、产品质量等级等内容。有关制度规定，未包装的农产品应当采取附加标签、标识牌、标识带、说明书等形式标明农产品的品名、生产地、生产者或者销售者名称等内容。

（2）使用添加剂的，应当按照规定标明添加剂的名称。

（3）属于农业转基因生物的农产品，应当按规定进行标识。

（4）"三品一标"农产品应使用相应的农产品质量标志。

（六）农产品质量安全监督检查制度

依法实施对农产品质量安全状况的监督检查，是防止不符合农产品质量安全标准的产品流入市场、进入消费，危害人民群众健康、造成安全后果的必要措施，是农产品质量安全监管部门必须履行的法定职责。《农产品质量安全法》规定的农产品质量安全监督检查制度的主要内容包括以下几点。

（1）县级以上农业部门建立农产品质量安全监测制度。制定并组织实施农产品质量安全监测计划，对生产中或者市场上销售的农产品进行监督抽查，监督抽查结果由省级以上农业部门予以公告。

（2）监督抽查检测应当委托具有相应检测条件和能力的检测机构承担，并不得向被抽查人收取费用。被抽查人对监督抽查结果有异议的，可以申请复检。

（3）县级以上农业部门可以对生产、销售的农产品进行现场检查，查阅、复制与农产品质量安全有关的记录和其他资料，调查了解有关情况。对经检测不符合农产品质量安全标准的农产品，有权查封、扣押。

（4）对检查发现的不符合农产品质量安全标准的产品，责令停止销售、进行无害化处理或者予以监督销毁；对责任者依法给予没收违法所得、罚款等行政处罚；对构成犯罪的，由司法机关依法追究刑事责任。

二、案例分析[1]

2013年1月29日，广州江南市场检测中心在江南果菜批发市场送检的19个样品中，检出有8个不合格豇豆样品；1月31日再次抽取豆角（豇豆）样品共计13个，并送到广州市农产品质量安全监督所进行检

---

[1] 资料来源于《南方日报》2013年2月1日

测，检测结果显示，13个样品中共有3个样品检测不合格，不合格原因是农药残留超标，并含有违禁药品克百威，涉及豆角共计3.15吨。

根据《中华人民共和国农产品质量安全法》第五十四条规定：生产、销售本法第三十三条所列农产品，给消费者造成损害的，依法承担赔偿责任。农产品批发市场中销售的农产品有前款规定情形的，消费者可以向农产品批发市场要求赔偿；属于生产者、销售者责任的，农产品批发市场有权追偿。消费者也可以直接向农产品生产者、销售者要求赔偿。

江南市场经过追溯发现，农药残留超标豇豆来自海南三亚，海南省农业厅在组织专门工作组赴广州调查核实后，追根溯源，责成三亚市农业局对农药超标的豆角现场销毁。三亚市农业部门表示，经过调查发现，这些豇豆源自崖城交易市场92号档口，该档口销售登记卡信息和田头定量检测结果显示，该豇豆产自三亚市水南村委会村民陈某和黎某的田中，其中，陈某销售400多千克，黎某销售200多千克。1月31日下午，工作人员将4亩检出禁用农药的豇豆彻底铲除。三亚农业综合执法支队已经对陈某和黎某购买农药的两家农药店进行立案调查。三亚市农业部门还宣布，凡是对储存、销售、运输、使用禁用农药进行举报经查实的，最高奖励10万元。

同时，海南省农业厅也派出工作组赴三亚对整改工作进行督察，明确要求加大对田头、收购点等的检测力度，落实田头安监员监管职责，按照生产片区落实责任制。海南省农业厅还紧急增派检测设备和技术人员，采取综合措施，确保豇豆等瓜菜经过严格检测，一律持准出证出岛。广州江南市场相关负责人表示，凡进入广州江南市场的豇豆等海南瓜菜，只要持有产地准出证明，并通过检测合格的，欢迎进入市场进行正常交易。

第二节　食品安全法

一、《食品安全法》解读

《中华人民共和国食品安全法》已由中华人民共和国第十一届全国人民代表大会常务委员会第七次会议于 2009 年 2 月 28 日通过，自 2009 年 6 月 1 日起施行。《中华人民共和国食品安全法实施条例》（后简称《条例》）已经 2009 年 7 月 8 日国务院第 73 次常务会议通过并公布，自公布之日起施行。

（一）落实企业责任

《条例》规定：

（1）食品生产企业应当建立并执行原料验收、生产过程安全管理、设备管理等食品安全管理制度；应当就原料、生产关键环节、检验和运输交付等事项制定并实施控制要求；生产过程中发生不符合控制要求的，要立即查明原因并采取整改措施；应如实记录食品生产过程的安全管理情况，记录的保存期限不得少于 2 年。

（2）食品批发企业应当如实记录批发食品的名称、数量、购货者名称及联系方式等，或保留载有上述信息的销售票据；记录、票据的保存期限不得少于 2 年。

（3）餐饮服务提供者应当制定并实施原料采购控制要求，确保所购原料符合食品安全标准；发现待加工食品及原料有腐败变质等情况的，不得加工或食用。

（二）强化政府监管

法律规定：县级以上地方人民政府统一负责、领导、组织、协调本行政区域的食品安全监督管理工作，建立健全食品安全全程监督管理的工作机制；统一领导、指挥食品安全突发事件应对工作；完善、落实食品安全监督管理责任制，对食品安全工作进行评议、考核。

（三）重大事故问责

《条例》规定：县级以上地方人民政府不履行食品安全监督管理法定职责，本行政区域出现重大食品安全事故、造成严重社会影响的，依法对直接负责的主管人员和其他直接责任人员给予记大过、降级、撤职或开除的处分。县级以上食品药品监督管理部门、卫生或其他有关部门不履行食品安全监督管理法定职责、日常监督检查不到位或滥用职权、玩忽职守、徇私舞弊的，依法对直接负责的主管人员和其他直接责任人员给予记大过或降级的处分；造成严重后果的，给予撤职或开除的处分，其主要负责人应引咎辞职。

（四）事故发生2小时内须上报

系列食品安全事件产生的影响与危害之所以如此大，除不法商家的胆大妄为外，还有一个重要原因就是瞒报、不报。为此，《条例》规定：发生食品安全事故的单位对导致或可能导致食品安全事故的食品及原料、工具、设备等，应立即采取封存等控制措施，并自事故发生之时起2小时内向所在地县级食品药品监督管理部门报告。

（五）5种情形启动风险评估

《中华人民共和国食品安全法》规定了风险评估，体现了预防为主、科学监管的指导思想。在此基础上，《条例》明确下列情形应当启动食品安全风险评估工作。

（1）为制定或修订食品安全国家标准提供科学依据需要进行风险评估的；

（2）为确定监督管理的重点领域、重点品种需要进行风险评估的；

（3）发现新的可能危害食品安全的因素的；

（4）需要判断某一因素是否构成食品安全隐患的；

（5）国务院卫生行政部门认为需要进行风险评估的其他情形。

（六）详细规定召回制度

《条例》对食品召回制度作出详细规定：对依照《中华人民共和国食品安全法》第五十三条规定被召回的食品，食品生产者应当进行无害化处理或予以销毁，防止其再次流入市场。对因标签、标识或说明书不符合食品安全标准而被召回的食品，食品生产者在采取补救措施且能保证食品安全的情况下可以继续销售；销售时应向消费者明示补救措施。

二、相关案例分析

2009年7月9日上午10时左右，消费者刘先生在某一大型超市，购买了一袋10根装的"双汇"玉米香肠。回家后，4岁的孩子在食用第2根时，发现香肠多半截已发黑变质，刘先生对这包香肠的质量已不放心，怕孩子有什么不良反应和中毒症状。随后，刘先生找到超市的负责人，要求他们派人跟着孩子一起去检查身体，或提前打预防针，超市的负责人表示也没什么好的解决办法，只是告诉刘先生给孩子打针吧，过后再说。刘先生见对方没有什么诚意解决事情，只好一边领孩子打针，一边来到消协投诉，希望消协能帮自己解决这件事情。

接到投诉，消协工作人员对双方进行了询问和了解，凭着刘先生手中的购物小票，超市的负责人承认是在本超市购买的香肠，也承认香肠出现了变质这一事实，只是在协商赔偿的问题上不能达成一致。

根据《中华人民共和国食品安全法》第八十五条规定：有下列情形之一的，由有关主管部门按照各自职责分工，没收违法所得、违法生产经营的食品和用于违法生产经营的工具、设备、原料等物品；违法生产经营的食品货值金额不足 10 000 元的，并处 2 000 元以上 50 000 元以下罚款；货值金额 10 000 元以上的，并处货值金额 5 倍以上 10 倍以下罚款；情节严重的，包括经营腐败变质、油脂酸败、霉变生虫、污秽不洁、混有异物、掺假掺杂或者感官性状异常食品的，吊销许可证。

在这起案件中，超市确实存在一些弊端，一是对上架的食品检查不够细致，责任不到位；二是出现问题后没有一个积极诚恳解决事情的态度。经消协对双方协商调解，达成一致：超市给刘先生赔偿 10 袋食品，赔偿孩子检查身体费 46 元钱，并诚恳向消费者赔礼道歉。

思考题

1. 《农产品质量安全法》实施的目的和意义。

2. 《农产品质量安全法》对农产品包装和标识的要求有哪些？

3. 《农产品质量安全法》对农产品产地管理的规定。

4. 农产品生产者在生产过程中应当履行的职责和义务。

5. 《食品安全法》实施的目的和意义。

6. 《食品安全法》违法事故处理步骤。

7. 《食品安全法》中的企业责任有哪些？

8. 《食品安全法》中的政府责任有哪些？

参考文献

[1] 元成斌，吴美霞. 我国农产品质量安全管理现状、问题及对策研究. 吉林农业，2010(10).

[2] 牟少飞. 我国农产品质量安全管理理论与实践. 北京：中国农业出版社，2012.

[3] 霍红等. 农产品质量安全控制模式与保障机制研究. 北京：科学出版社，2014.

[4] 方佳，李玉萍. 发达国家农产品质量安全体系状况及其对我国的启示. 世界热带农业信息，2008(1)：1-5.

[5] 丁永辉，胡长效. 农业标准化与农产品质量安全. 北京：中国农业出版社，2007.

[6] 李铜山. 食用农产品安全研究. 北京：社会科学文献出版社，2009.

[7] 国务院办公厅. 国务院关于地方改革完善食品药品监督管理体制的指导意见. 2013-04-10.

[8] 王永发. 加强政府对农产品质量安全的监管和控制. 安徽农业科学，2007(5)：1499-1501.

[9] 王南，汪学才，张文斌，等. 农产品质量安全标准化体系建设内涵浅析. 上海农业科技，2011（2）：28-29.

[10] 叶其蓝. 广东省农产品质量安全保障体系建设探讨. 中国园艺文摘，2011（3）：168-169.

[11] 卢俊妍. 农产品质量安全与标准化体系建设的思考. 农产品加工·学刊，2009（3）：184-188.

[12] 国务院办公厅. 国务院办公厅关于加强农产品质量安全监管工作的通知. 2013-12-02.

[13] 马爱国. 在全国农产品质量安全监管暨"三品一标"工作会议上的总结讲话. 2014-4.

[14] 陈晓华. 在全国农产品质量安全监管暨"三品一标"工作会议上的讲话. 2014-4.

[15] 王志勇，王钦文. 构建粮油食品质量安全控制体系的思考. 粮油加工与食品机械，2005（10）：23-26.

[16] 浙江省食品工业协会，浙江省食品工业协会肉制品专业委员会. 肉制品企业良好作业规范. 食品伙伴网，2007-12-03.

[17] 徐娟娣，刘东红，舒杰，曾楚锋. 果蔬农产品的质量安全及风险控制浅析. 中国食物与营养，2011（10）：11-15.

[18] 杜相革. 农产品安全生产. 北京：中国农业大学出版社，2009.

[19] 中华人民共和国国务院第525号令. 生猪屠宰管理条例. 2008-05-25.

[20] 中华人民共和国国务院第536号. 乳品质量安全监督管理条例. 2008-10-09.

[21] 陈静，刘艳荣. 农产品流通安全与质量检测技术研究. 北京：中国财富出版社，2012.

[22] 浙江省农业厅. 关于加强农产品产地准出管理工作的通知（浙农科发 [2009]28 号）. 2009-10-28.

[23] 浙江省农业厅. 关于做好2014年农产品质量安全监测工作的通知（浙农质发 [2014]1 号）. 2014-01-02.

[24] 中华人民共和国商务部. 农产品批发市场食品安全操作规范(试行). 2008-4.

[25] 钱永忠. 农产品质量安全概论. 北京：中国农业出版社，2008.

[26] 曲径. 食品安全控制学. 北京：化学工业出版社，2011.

[27] 王世平. 食品标准语法规. 北京：科学出版社，2010.

[28] 邱礼平. 食品原材料质量控制与管理. 北京：化学工业出版社，2009.

[29] 全国人大常委会法工委. 中华人民共和国农产品质量安全法释义. 北京：法律出版社，2006.

[30] 全国人大常委会法制工作委员会行政法室. 中华人民共和国食品安全法解读与适用. 北京：人民出版社，2009.